U0111928

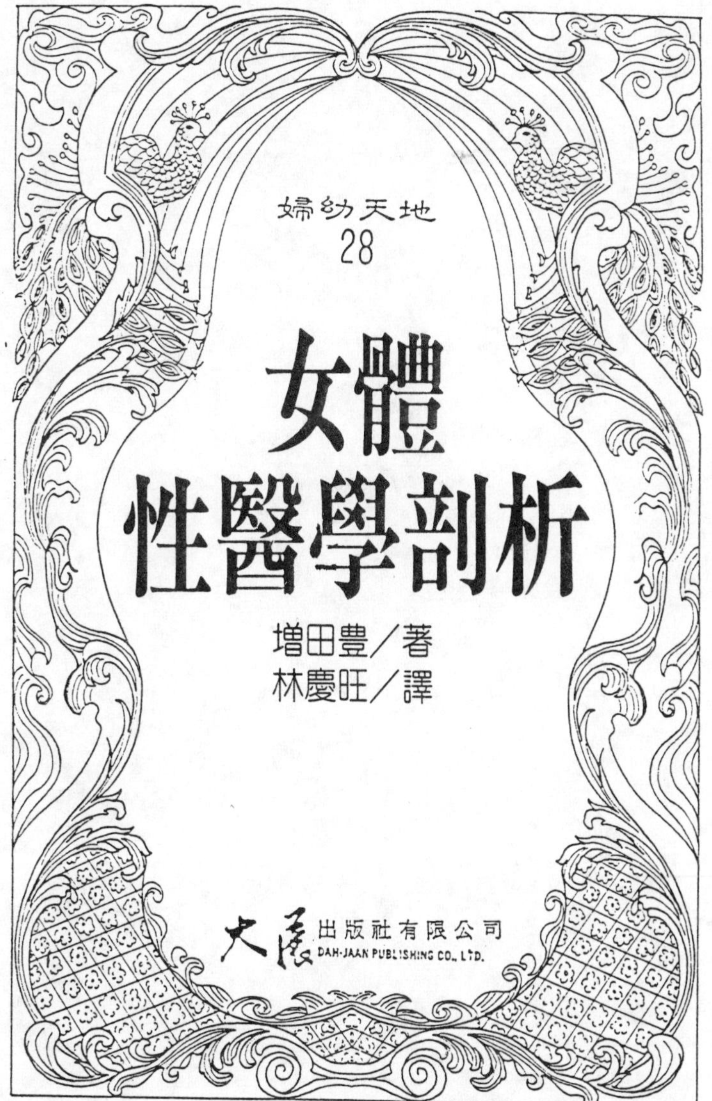

婦幼天地
28

# 女體性醫學剖析

增田豐／著
林慶旺／譯

大展出版社有限公司
DAH-JAAN PUBLISHING CO., LTD.

# 前　言

現代的女性，致力於追求與男性平等的地位和生活。不斷地吸收學習與自身息息相關的知識，絕對是必要的。

除了性生活外，妊娠、生產、授乳等，女性特殊的生理機能，使女性擁有較男性更複雜的生理構造。連做愛時的快感，也較男性更為強烈。然而在日常生活中，女性的生理機能，卻經常會有鴻溝和失調的現象。

初潮，啟開了女性的一生。在戀愛和結婚的過程中，美好的生命，開出絢爛美麗的花朵。但女性的基本性生活中，生理機能的正常與否，有時會直接影響到女性的幸福。所以生理的構造機能，是不容忽視的重要課題。

某些女性過分地注重外表的服飾，而忽略了生理上的禁忌，使得內在功能受到相當程度的傷害，甚至為往後愉快幸福的婚姻生活，種下難以挽救的禍根。

本書從初潮至閉經期為止，針對女性身心的特質，性生活的常態、避孕法、妊娠期、生產、人工分娩及性病等等，作詳細的解析和介紹。

希望能為讀者，提供這方面的常識。除了事前避免犯錯外，更能積極健康地和男性一樣，創造出屬於女性的幸福生活。

新宿東京醫院院長　增田　豐

# 目錄

## 第二章　妊娠、生產、不孕等現象



## 第三章　關於避孕和人工流產

## 第六章　身心的美容、健康法

## 第七章　認識男性

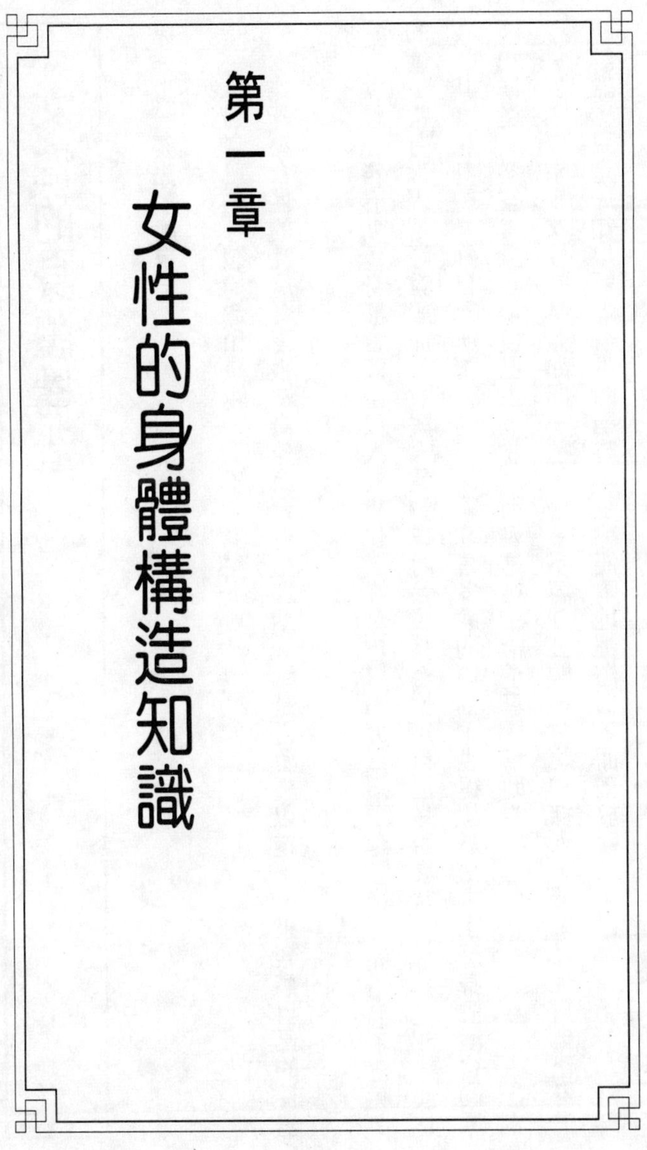

# 第一章 女性的身體構造知識

# 女性的身體構造

**第一步，要先了解自己**

妳對自己的身體構造和機能，了解多少呢？

為什麼女性的乳房會膨脹？為什麼會有生理期？妳是否曾經以鏡子，來觀察自己的性器官呢？

女性在青春期，身體會產生很大的變化，妳是否曾為這種轉變大吃一驚，而煩惱不已呢？的確，常有人因不好意思而不敢與人商量或討論，甚至懷疑自己是否異常？

其實，身體是妳自己所擁有的，無論妳是多麼的煩惱，也得想辦法去了解身體變化的原因和構造。這些常識必須自己去吸收，別人是無法給予直接幫助的。

長久以來，女性的身體如同一種禁忌，不容許公開地討論和探索，使得女性對自己身體的認識，只是一知半解，發生問題時，也只能暗地裡煩惱，而羞於啟齒。

但是，現在一切的情況已有所改變，生理知識不再是隱密而難言的，能以健康而正確的心態去了解自己的一切，才不愧是現代的新女性。讓我們為創造更美好的生活，邁出第一步，多認識自己，並學會自我調適吧！

## 乳房的構造

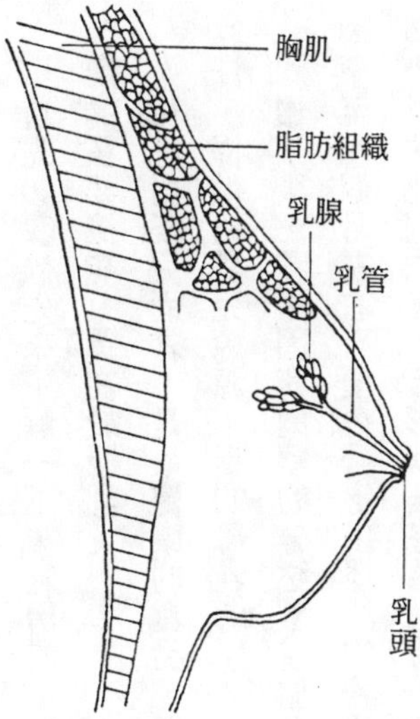

### ①乳房的大小並不是重要的問題

在層層服裝的遮掩下，乳房的大小，仍可概略地看出。大概就是因為這樣，才會引起男性的好奇和關注。

「唉啊！她好豐滿啊！」

她的胸部有如飛機場，所以用不著戴胸罩。」

這種事不關己的批評，常使得較在意的女性，氣得掉下淚來。

首先，我們先來了解一下，乳房的主要機能——

**乳房的重要機能，首在於授乳**

母乳對嬰兒而言，是最健康的食品，不可或缺。而乳房在女性生產後，便會自然地分泌乳汁，提供給嬰兒源源不斷的母乳。

懷孕後，乳房因荷爾蒙的分泌量增加而變大，而產生緊繃的感覺。乳頭的顏色會更深。懷孕至四個月左右，便會分泌出淡淡的乳汁。

**與身材的比例均衡，且形狀美好的乳房，憑添無限女性的魅力**

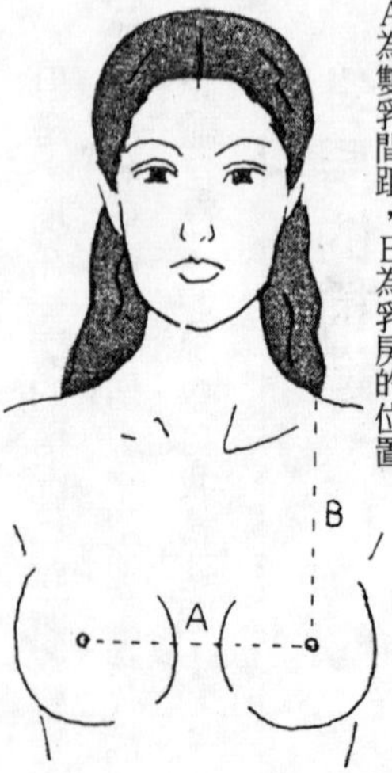

B

A

理想的比例是A＝B
A為雙乳間距，B為乳房的位置

乳房除了某些機能外，更是女性魅力的重要來源，婀娜多姿的身材，乳房占著相當顯著的地位。

乳房的美不在於大小，而是形狀和身材的比例，美好的乳房，是女性的重要資產。

**敏感度和乳房的大小無關**

乳房是女性的快感帶。

尤其是神經組織發達的地方——乳頭，反應強且快。或許妳也曾經注意過，興奮或寒冷，均會讓乳頭堅挺。

敏感程度好的乳房，也算是女性的寶物。所以乳頭的大小是次要問題，形狀和敏感程度才是重點。

## ②什麼才是形狀美好、形狀不好、普通形狀的乳房

何謂形狀美好的乳房，有何標準呢？

「我的胸部實在是太平坦了。」

「我的乳房太大，常常橫向兩側。」

乳房的大小和形狀，因人而異。假使有一百位女性，大概就有一百種不同形狀的乳房。

**所謂形狀美好的乳房，必然和身材均衡**美麗的乳房，和身材有著相當的關係。如果一個嬌小的女孩，卻擁有一對大型的乳房，豈非給人失衡的感覺！這種無法與身材配合的乳房，均非美麗的乳房。

## （美化胸部的體操）

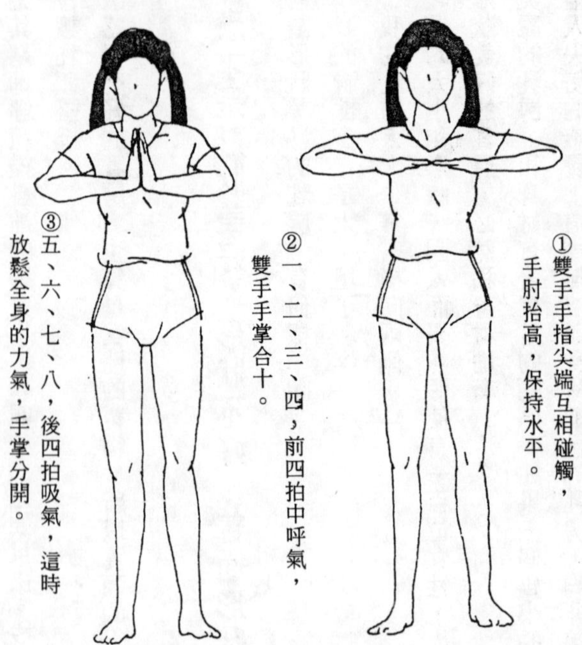

①雙手手指尖端互相碰觸，手肘抬高，保持水平。

②一、二、三、四，前四拍中呼氣，雙手手掌合十。

③五、六、七、八，後四拍吸氣，這時放鬆全身的力氣，手掌分開。

● ①～③重複地做八次。每星期做一次，每次做二回。

做伏地挺身，將腰部抬高，有強化胸肌的效果。

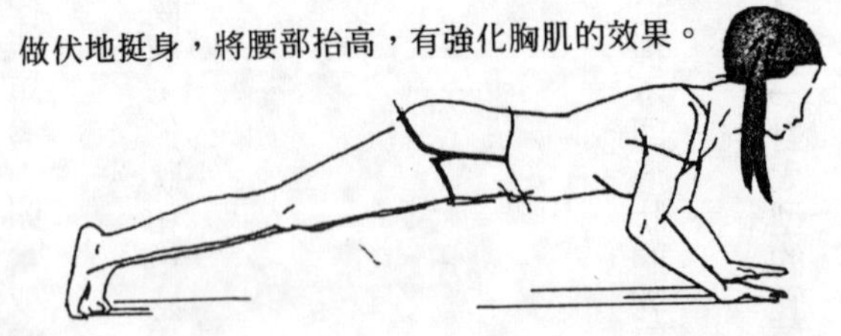

美好的乳房，不會下垂，不會橫向身體的兩側。有緊繃的感覺，而乳房部分的皮膚，光潔柔嫩也具有美化的效果。

**優雅的姿勢，會襯托出乳房的美感**

乳房的大小，無法隨自己的意願而改變，所以必須靠自己去發覺乳房的優點。譬如：乳房雖小，但卻堅實可愛，自己產生信心，自然就會抬頭挺胸，而良好的姿勢，就更能表現出乳房的美感來。

如果乳房有下垂的傾向，便得多多鍛鍊胸肌；至於會偏向兩側者，是因為過於柔軟肥胖之故，這種情形，很可能連身體也會肥胖的傾向，要自己留意。

## ③妳的乳頭，顏色為何？

乳頭形狀每人各有不同，至於顏色也是五花八門。

從顏色可愛的粉紅，給人健康感覺的棕色、蝎色，至葡萄色等，各種顏色均有。

或許有人會說「乳頭顏色越深，性經驗越豐富。」這種說法毫無根據，千萬別把這類話放在心上。

**乳頭的顏色會變濃，目的在於保護乳頭**

妊娠期間，生產後哺乳嬰兒時，為了保護乳頭，所以顏色會較深。

乳頭顏色各有千秋，不必過分在意自己的是什麼顏色？

## ④敏感程度

前文曾經說過，敏感度好的乳房是女性的寶物，但這種說法似乎也因人而異。譬如：某個女孩，她的男友似乎只愛乳房而已，因為只要觸摸就能讓他達到高潮。

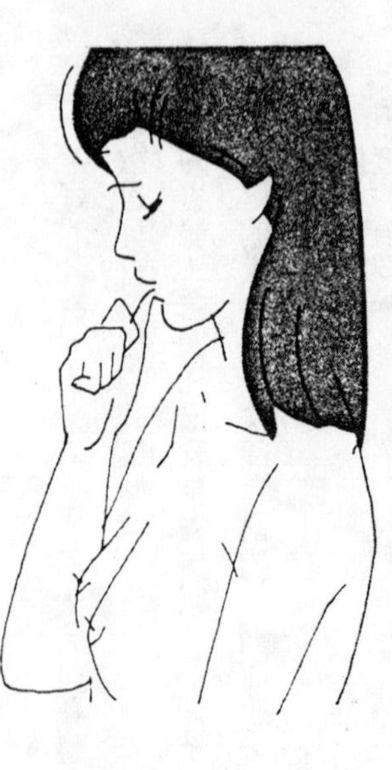

敏感度佳的乳房，就如同反應好的頭腦

另一個女孩的乳房，則完全無法激發其男友的性慾。

對男性而言，一對既美好又可愛的乳房，常會引起男性的興趣，而有觸摸的慾望。

**自己的感覺比較重要**

如果女性在性生活上，一直處於被動的地位，便不會產生多大的興趣。當男性有所要求

## 要選擇適合自己乳房型狀的胸罩

**胸部較平坦者**

較適合穿著，可以將乳房往內側集中，附上鬆緊帶的半杯型胸罩。

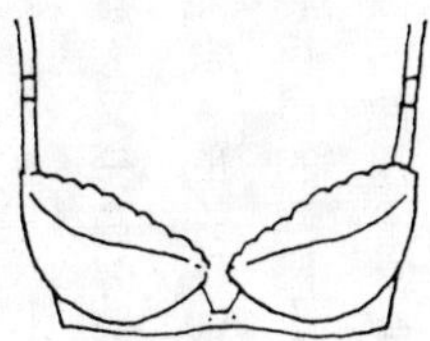

**胸部較薄者**

應選用罩杯內，附有海棉墊者。

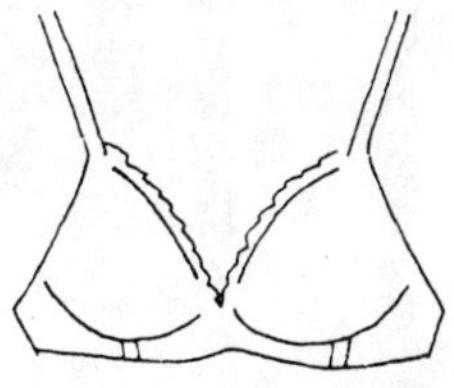

**乳房下垂者**

為了讓胸部高挺，應使用全杯型的胸罩。但要注意，不可移向左右兩側。

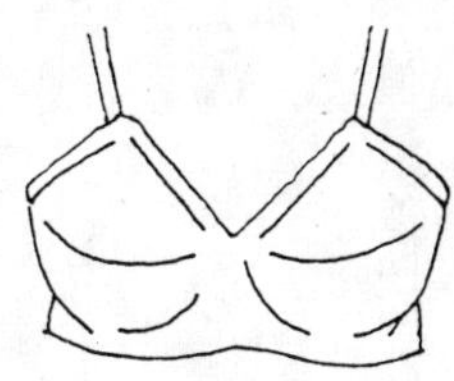

**胸部特別豐滿者**

穿戴全杯型的胸罩，會顯得富於魅力。若穿半杯型胸罩，則會有一種擠壓的感覺。全杯型的胸罩，若再加上海棉墊，則效果更好。

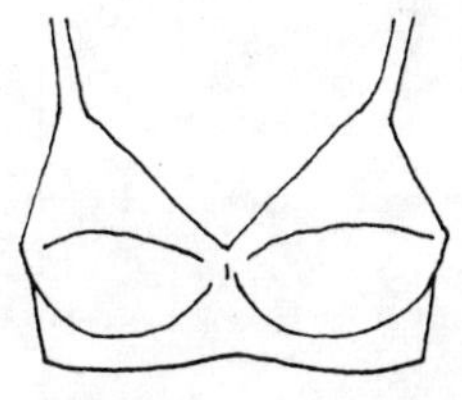

時自己才有感覺，否則便放棄。這種被動的立場應先排除，妳對自己的身體才會覺得可愛，而有感覺。

也就是要主動地創造刺激。

敏感度好的乳房，就如同反應好的頭腦。某些敏感度差的乳房，無論如何的刺激，均無法激起感覺，這就是個人的差異了。

但是，漫漫人生旅程，用不著為這種不順心而失望傷心。

## 性器的構造

**女性性器，又分為外性器和內性器**

身為女人的妳，或許會常常覺得好奇和不解。

關於自己的性器。

男性的性器，常會被提出來做為笑譚的體裁，但是女性的性器卻沒有人會公開的談論。

男性性器，不僅眼睛看得到，也可以用手觸摸，具有實際感，是開放型的性器；但是女

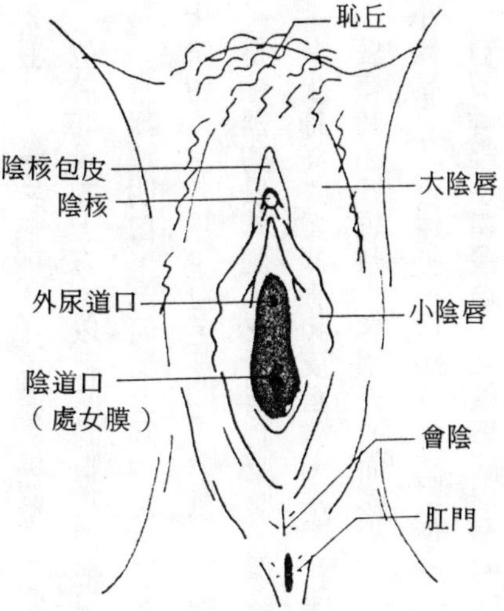

性的性器，卻無法看見，可能正因為如此，才引不起關注。

無法看見的東西，才具有神秘感和隱密性，因此沒有人拿來做為話題。

通常男性性器有許多俗稱，但是女性性器卻未見提及。因為它被認定是屬於猥褻的稱呼，而被禁止。所以，大部份的女性，都不知道有那些俗稱，反而是男孩子在無意間談論到，她們才知道，這倒也是一種奇怪的現象。

仍有許多女性，對自己的性器完全不關心，更說不上了解，甚至有人認為那只是個尿道而已，甚至以為生理期經血排出的地方和尿道口，是同屬一處。

長久以來，生理教育受到壓制，在女性的觀念中，這些是難以啟齒的事，而變得漠不關心。時至今日，仍殘留著這種封閉式教育的後遺症。

生於現代的女性，應主動地去了解自己的身體構造，以獲得正確的知識。

首先，女性的性器官，又分為看得見的外性器，和看不見的內性器，我們先由前者談起——

## ①妳是否曾經由鏡子，觀察過——外性器

•**恥丘**——雙腿根部，Y字型的位置上，亦稱為「維納斯丘」。

位於恥骨的上方，以肥厚的脂肪細胞保護著。思春期以後，會長出陰毛，並覆蓋其上，只是一直無法明白，為何加上個「恥」字。

•**大陰唇**——恥丘下方至肛門，嘴唇型的部份。

是性器的最外側，皮下脂肪肥厚，保護著內側的生殖器官及尿道口。其上佈滿許多汗腺和皮脂腺，常帶有溼氣，同時色素沈澱，而且型狀大小各有不同。性行為興奮時和妊娠時，會因充血而膨脹。

•**小陰唇**——大陰唇的內側，是一對褶肉。

自覺神經相當發達，且敏感度很高的地方，以手撫摸便產生快感。

性行為時，也會因為興奮而充血擴大。

・**陰核**——在小陰唇的接合處，前端部份，小而突起。這個部位，神經密集，非常敏感。性行為時，會因興奮而勃起，是女性高潮的中心，尤如男性陰莖一般。

・**陰核包皮**——覆蓋著陰核，是位於小陰唇上部的包皮。

・**外尿道**——陰核下方，尿道的出口。經由三至四公分長的尿道，通向膀胱。因為稍稍凹陷，故不容易發覺。女性的尿道，純粹只有排尿的作用，但是男性尿道，除了排尿外，同時為精液射出的地方。

・**陰道口**——為陰道的入口，生理期間經血排出的地方。位於外尿道口的後部。小陰唇覆蓋住的陰核，圍住外尿道口和陰道口。在陰道的入口處，有片黏膜狀的東西，即為處女膜。

・**處女膜**——是陰道入口處的黏膜。雖然名為處女膜，實際上並非膜狀。其中間部份有個洞，覆蓋住陰道口的一部份，頗具伸縮性。通常以手指便可以隨意出入，當然也能塞入衛生棉球。

首次，進行性行為時，處女膜會破裂，產生一陣刺痛的感覺。平時，激烈的運動下，或使用棉球時，不小心均會導致處女膜破裂。

・**陰道**——從陰道口至子宮口，長約十公分的管道。

生產時，是嬰兒出來的通道。性行為時，男性性器亦會進入這裡。棉球亦塞入此處，從嬰兒出生至棉球塞入，陰道具有很大的伸縮程度。

但是陰道本身，並非敏感帶，因其間自覺神經不多，所以感覺相當遲鈍。所以即使是塞入衛生棉球亦不會有不舒服的感覺，原因在此。

陰道具有自淨作用，常保弱酸性，避免細菌侵入，所以不要隨便沖洗。

### ◇「割禮」

割禮，在西歐是指男性陰莖的包皮切除手術。

但是古代的非洲及中東地區，也有女性的「割禮」。而女性的割禮，不同於男性，且是一件相當恐怖的行為，亦即將陰核割除。陰核在女性的性器中，是屬於最敏感的部位，但卻和懷孕生產無關，所以被認為是無用，甚至有弊害的器官。因為古來認為，「女性過度興奮，並非好事，只要能懷孕生子即可。」所以才會衍生出這種殘酷不人道的習俗。許多接受這種手術的女孩子，因為過程太過可怕，而變成性愛恐懼症或神經衰弱。

## ②內性器的構造

內性器位於腹腔內，是非常重要的生殖器。雖然無法觸及和看到，但也不要漠不關心。

**・子宮——是孕育胎兒的地方。**

經由陰道可通往子宮，兩者相連接的部份，即為子宮頸。子宮頸有著相當好的伸縮性。平時只有經血排出及精子通過，到了生產的時刻，卻會大大地打開，足以讓嬰兒安全出來。

同時，子宮頸亦為癌細胞容易滋長的地方。

子宮孕育胎兒，達九個月之久，可見其子宮壁是由具有相當收縮性的厚肌所構成的。子宮的大小，恰如拳頭；形狀，就像是一粒倒置的洋梨。

子宮的內側為子宮內膜，是彈性最好的部份。

女性在思春期開始，便隨時準備好孕育胎兒。子宮內膜每個月營造一次，（這件事將在「妊娠生產」一章中，再做詳細的說明）子宮內膜隨時可接受精子和卵子，並供應必需的養分和足以成長的地方。

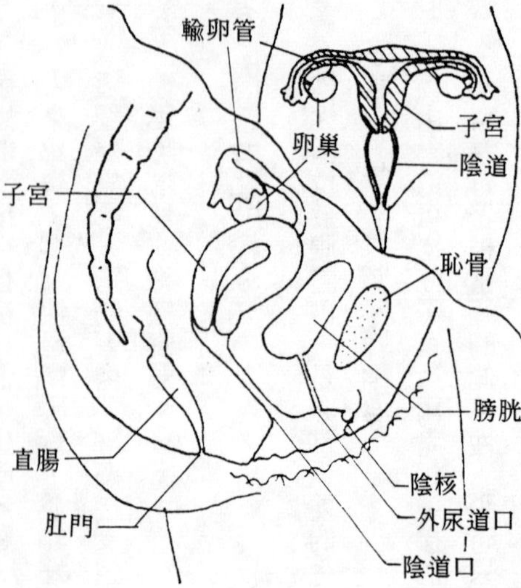

如果沒有受孕，內膜便因無作用，而變得薄弱，這些沒有功用的內膜和卵子，會經過陰道排出體外，即為月經。

•**輸卵管**——子宮上部的兩側，伸出二條管子，通到卵巢。

其作用是將從卵巢排出的卵子，運送到子宮去。所以亦稱為「喇叭管」。

輸卵管靠近子宮處，較細；靠近卵巢處，較粗，有如喇叭管一般地開著，好像要吸住卵巢似的。

從卵巢產生的卵子，經由喇叭口的輸卵管，通向子宮。

假如精子在這個時刻，適時地射入，卵子便會和精子在輸卵管結合，而受精的卵子便會下達子宮，然後在子宮內膜著床。

輸卵管的內側，為從上向下生長，細細的纖毛覆蓋著。至於精子的進入，恰與纖毛的運動，方向恰好相反，會從下方，對著上方進入。

・**卵巢**——是子宮上方，兩側的器官。

卵巢一共二個。

其大小約為拇指頭，型狀恰似杏仁，呈灰色。

卵巢的重要功能有二：

其一為排卵，也就是製造卵子，然後排出。

其二，分泌女性荷爾蒙——黃體脂酮和雌激素二種。

雌激素會刺激乳房而膨脹，讓身體產生豐滿的感覺，富於女性魅力。

黃體脂酮，則是懷孕時，重要的荷爾蒙。

由以上所述，可知女性的身體構造和機能，是多麼地複雜且微妙。

雖然每個女性的身體構造，基本上大致相同，但是某些情況卻是因人而異，略有不同。

## ③女性最擔心的問題

——體味、顏色、形狀、體毛——

可能有許多人，經常為性器的事而煩惱。

譬如，女性的性器無法看見，便無法與他人比較，所以自己不太了解性器的構造和形狀，常會懷疑是否和他人有所不同。

性器就如同臉孔一般，無論顏色或形狀，都各具特色，也就是有著個別差異，所以絕對沒有所謂的「典型性器」。

女性應自認自己的性器，有其獨有的特色才好。

# 性器的煩惱——問與答

## ◆性器是否左右側的大小不同？

問：A小姐相當擔心，自己性器的顏色和形狀。入浴時，偶然間用鏡子觀察性器，發現竟然左右側的大小不同，而且顏色也較黑。據朋友表示，就是因為自慰，顏色才會變黑。有時會有自慰行為的A小姐，聽了這番話，不禁擔心起來，而且變得略帶神經質。

答：性器的大小，左右側不同，這種情形，每個人均有可能，只是程度上略有不同。就如同左右眼大小也會不同一般，人體的各項器官，左右側會對稱，但是卻無法長得完全相同。

至於顏色會較深，是因為帶有保護作用之故，正因為這部位功能微妙，所以需要加以保護。

A小姐擔心顏色變黑，是因為自慰行為所引起的，這種煩憂，毫無意義。會有這種錯誤的觀念，是因為長久以來，女性的性格受到過分的壓抑，而有不可自慰的觀念，其實以目前的男女立場而言，這是一種沒有責任的說法，所以不必放在心上。

## ◆至今仍未長出陰毛

問：已經十六歲的B小姐，至今仍未長出陰毛。雖然十三歲時，月經便開始來潮，但是仍未有陰毛。憂心忡忡的B小姐，甚至連畢業旅行也未參加。

答：陰毛為初潮時，由於男性荷爾蒙中睪丸脂酮的分泌，而長出來的。

如果至十六歲仍未長出陰毛，大概是荷爾蒙的分泌尚未平衡之故。

若直至十八歲，仍未長出，便得與專門科醫生商量。目前各項手術發達，或用含男性荷爾蒙的髮毛藥膏，即能解決。

## ◆體味過濃

問：D小姐和男友，首次發生性關係時。其男友曾提及，她的體味太強，使得她擔心不已。

答：女孩子的性器，因為部位太過隱密，不容易接觸外界的空氣，難免留有若干的氣味。也許D小姐的體質原本就屬於體味較重者；但是如果卵巢機能不良，陰道的自淨作用便會降低，或者是陰道外陰部發炎，子宮癌（此為特殊情況）、痔瘡及其他的疾病，均可能散發出不好的體味，這些情形均得加以治療。

但是女性性器的氣味，對不同的男性，會引起不同的感覺。某些人覺得太重，也許有人反而覺得刺激。如果對方也是首次發生性行為，或許他只是為女孩子獨特的氣味而吃驚。只要常保清潔，便用不著太擔心這些問題。

## ④對於錯誤的說法，要有足夠的判斷能力

大部份由於女性性器的煩惱問題，都是由於知識不夠，或是道聽塗說而來的。其實他人的說法未必正確，許多無稽之談，反而會帶給自己太多的負擔。

所謂性器的好壞，根本毫無根據，這些評論，大多是站在對自己有利的立場，說些不負責任的論調。

譬如：男性會談論女性性器的好壞，是站在適合自己的程度而言。這裡我想強調的是，不要受到將女性性器，當成道具般談論的男性說法所影響，而忽喜忽憂。女性應保持平衡的身心，絕對不可輕視或埋怨自己的性別。對於性器，應主動地去了解它，但必須抱持著正確嚴肅的態度。

# 生理的原因和作用

## ①首次的生理稱為初潮

第一次的來潮，對女性而言不僅是生理機能的一大轉變，同時也代表著邁向成熟的一大步。這種震撼性的經驗，每個人均會銘記在心。即使是先前曾聽母親或朋友提過，有若干的心理準備，但是大部份的女性，仍會為首次來潮大吃一驚。

首次的生理現象，稱為初潮；而生理結束，稱為閉經。近年來，女性初潮的年齡略微提

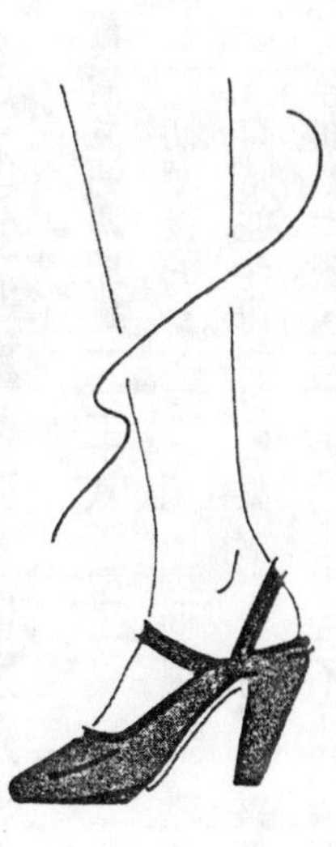

最近發現，身體逐漸地豐滿。

前，大約在九歲至十六歲之間。

初潮以後，乳房會開始膨脹，也會長出陰毛，逐漸發育的身體，有著女性化的傾向。

步入思春期的女孩子，會覺得過去的玩伴——那些小男生，顯得非常幼稚可笑。自覺已非小孩子，有種積極步入成年的慾望。

## ②生理是一種周期性的現象

生理，是相當不可思議的現象，為何會成週期性的來臨呢？

生理現象，正表示女性的身體，已經做好懷孕的準備。

女性到了十歲左右，卵巢中被卵胞裹著的卵子，會開始成熟。卵子，從女性出生以來，即有好幾萬個之多。成熟的卵子，在二十八至三十一天之間，會從左右側的卵巢中，輪流地排出，其目的是要與精子結合，此種現象即為排卵。

卵子輸送的同時，子宮便開始準備，卵子與精子結合後的孕育工作。

排卵時，從卵胞分泌出來的卵胞荷爾蒙，會在子宮內膜有一層厚厚的充血。從卵巢中分泌的黃體荷爾蒙（亦稱為黃體激素），也會讓子宮內壁更厚實。

如果卵子、精子結合，即為受精，受精卵會在子宮內膜著床，並獲得必需的養分。未和精子會合的卵子，就變得毫無作用，會由陰道排出，這時，已經變厚的子宮內膜，也會自動的脫落，排出體外，這種現象即為月經。

像這樣週而復始的排卵，是有週期性，約二十八天至三十一天為一週期。任何一位女性，均應有這種「體內時鐘」的現象才對。

## ③生理的週期，亦有個別差異

最常見的週期是「二十八天型」

初潮後的二、三年間，生理周期非常不穩定。有時並非每個月均來潮；有時雖然來潮，但是時間卻延遲很久。無論是週期過長、過短，經血量太多、太少，均是生理不順的情形。

生理現象開始的前二、三年，荷爾蒙的分泌尚未平衡，或身體尚未成熟到足以配合荷爾蒙分泌的程度，均會造成生理失調。

有些女性雖有生理現象，但卻尚未排卵，那是因為身體的成熟度，未達懷孕的狀態。

大抵上，十八歲以後，生理週期便會固定。

雖然每個人的生理週期略有不同，但是如果在二十一天至三十五天的範圍內，均屬正常。平均每次的生理日，大約持續五天。而生理日數，也會因每個人的身體狀況，而有差別。

## 每一次的經血量約半杯

生理中流出體外的血液，每一次約五〇至一〇〇cc，約半杯量。

生理時的血液量，是依據子宮內膜的厚薄而有不同。內膜越厚，出血量就越多，甚至連生理日也會較長。

所以，每一次的生理日數和出血量，均會略微增加或減少。

## 生理是子宮收縮所造成的嗎？

生理期中，身體會稍微浮腫，腰酸、肛痛，各種不適的感覺，均有可能發生。

其中，腹部的疼痛尤其教人難以忍受。生理時的疼痛，是子宮內膜太過薄弱，致使子宮收縮時，內膜充血所造成的。有時生理現象開始不久，子宮頸太細，血液不易通過，也會導致腹部的不適。

這種令人畏懼擔憂的生理痛，通常到了二〇歲以後，便會自動消失，不用過度煩憂。在「生理期間，過著舒服潔淨的日子」一章中，會有更詳細的探討，並提出因應之策。

## ◇生理是「不潔」的現象嗎？

無論在東方或西方，以前總有一種觀念——生理現象及懷孕生子，均是「骯髒不淨」的東西。

由此而衍生出許多不合情理的習俗。譬如：女性在生理期間，不能和家人一起用餐或入浴，應完全隔離。

連生產時，家人均不敢接近產房；也禁止產婦來到井邊或火邊。

西歐或是古代的希臘，認為生理中的女性，所觸摸的花或樹，均會枯死，蔬果亦會萎縮、純白布料變黑，刀剪生銹等……。

生理期間的女性，飽受歧視，因為「生理期間的女性，身體骯髒」這種觀念深植當時的人心中。女性必須在生理期過後，徹底地清潔身體，才能恢復普通的正常生活。

男性對女性這種「不淨的觀點」，長時間地束縛著女性。

但是，現代的新女性，努力地改變形象，爭取自由獨立的人格與地位，終於有了成效。一些不平等的待遇和觀點逐漸地改變，生理現象也不再是異常之事，人們以正確的眼光來正視它。

## 關於生理現象的煩惱——問與答

### ◆生理不順

問：一位十七歲的學生，在十三歲首次來潮，但一直生理失調，不像朋友們那麼有規則。

有時量多，有時量少，連週期也不太一定。甚至胸部的發育也較他人慢，真擔心自己是否發育不全？

答：由小女孩，發育為成熟的女性身體，這期間為思春期。女性的經血量和週期，每次均有不同，這並非是異常的現象，通常到了二十歲左右，便會逐漸地穩定下來，所以用不著過分擔心。

至於胸部，依個人的體質，發育有時較慢，並非是不良所致。

## ◆生理痛十分嚴重

問：一位二十歲職業婦女，初潮較慢，十五歲才開始來經。大約從三年前開始，每個月來潮時，都會因生理痛而不舒服，如果一輩子都這麼痛苦，豈不教人擔憂？

答：三十歲以前的生理痛，除了子宮的後屈症和其他的屈曲異常外，子宮本身機能的異常均可能引起腹部刺痛。

如果是輕微的生理痛，二十歲以後，多會自動痊癒。但是疼痛至難以忍受的地步，就應前往婦產科接受治療。注射抗前列腺素劑，或其他的治療，便會減輕疼痛感。

## ④應使用那種衛生棉？

生理的衛生用品，種類很多。

應自己判斷，以選用適合自己情況的衛生棉。

**依生理日和經血量，來選用適合的衛生棉**

常見的衛生棉，大小、厚度、形狀等種類繁多，連使用的方法也大不相同，但使用方便是其共通的特點。

女性可以依照生理期或經血量的多寡，分別使用各種類型的衛生棉。

譬如：白天應經常更換衛生棉，所以選用較薄，容易活動者，晚上，則可用二片厚且寬

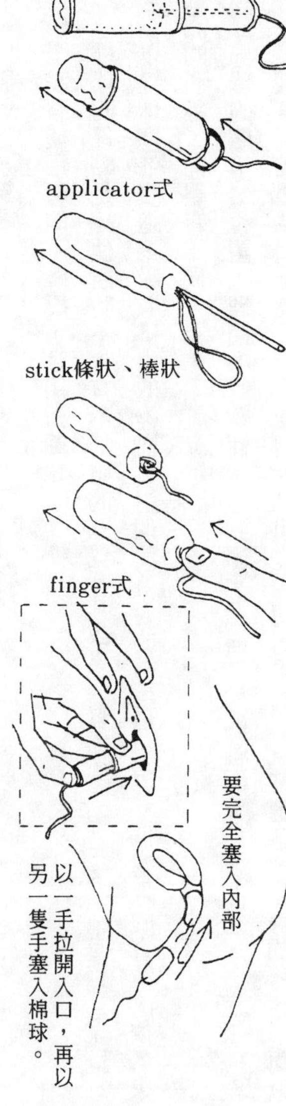

的衛生棉，以防滲漏。

**棉球既沒有使用時的不適感，且用法簡單。**

棉球的優點是，使用時不會有不舒服的感覺。其效果與普通衛生棉一樣，但是用法不同。以棉球塞進陰道，吸收排出的經血，道理與普通的衛生棉相同。但塞入的方法，依各家廠商的產品，而略有不同。

棉球的使用，會讓生理期中的女性，感到出乎意料之外的輕鬆。但要注意，一定得完全塞入，且每隔四小時要更換一次。使用前，可先向使用過的朋友打聽各種品牌的特色，再選擇適合自己的品牌。

## ⑤即使是生理期，也希望有個舒服的日子

**盡量穩定情緒**

生理期間，情緒特別不穩定。

除此以外，疲倦、腹痛、浮腫、便秘等現象，均有可能出現。

生理期陪伴著女性漫長的數十年，沒有人願意長久地受這種生理現象不舒服的折磨，所

以努力地尋求改善之道是當務之急。

以往，生理被認為是骯髒不乾淨的事情，許多活動和場合被禁止參與。但是現在即使是生理日，照樣可以運動和旅行。一旦了解了女性身體的複雜構造和功能，就會對生理日的看法，有所改變。

「為自己寶貴的身體多做努力，使它的運作有規則。」保持這種正常的心態，開朗的作風，生理日就成為一種具有意義的現象了。

**盡量減輕生理痛**

生理痛，有時嚴重得令人無法承受，也因而影響生活與情緒，所以要自己尋求解決的方法。補溫，促進血液循環，以減低疼痛的感覺。譬如：入浴，穿著兩件內褲，或睡覺時，使用電毯保暖等方法。

同時，入浴時，應特別注意，要確實洗淨身體。

服用藥劑亦可減輕疼痛，但是有些人覺得，服藥會變成習慣，而不敢服用。其實一般的止痛藥，只要不是大量長期的服用，是不會產生副作用的，不必太過神經質。

適量的酒，也能促進血液循環，但不可過量。

為了減輕生理痛，補溫和適量的酒，均是良好的方法。

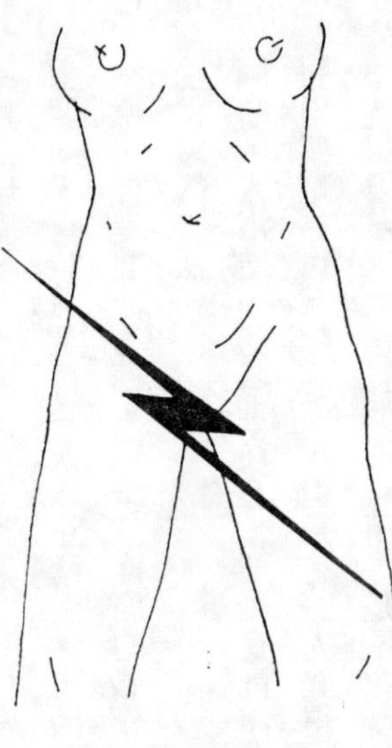

## ⑥生理期間，能否有性生活

生理期間，當然也能進行性行為。

但生理期中，內性器充血，最怕雜菌的入侵，以免引起子宮內膜炎等疾病。

也有人認為生理期間，絕對沒有懷孕的可能，其實這種想法並不正確，因為生理期間，同樣有卵子排出。

另外也有人把生理現象以外的出血，誤認為生理期到了，認為絕對安全而進行性行為，卻因而懷孕。

所以避孕，應考慮絕對安全的方法較周全。一些較無法掌握的方法，容易出錯。

# 女性的一生，其荷爾蒙和性行為

## 關於荷爾蒙和性行為的轉變

### ①思春期的轉變

個人雖有若干的差異，但是到了十歲至十三歲間，每個人均會步入思春期。

到了這個年齡，腦下垂體前葉的活動會突然活潑起來，分泌出大量的荷爾蒙，致使男性的睪丸和女性的卵巢肥大。男性荷爾蒙及女性荷爾蒙分泌增加，且影響至全身的部位，使得少年少女的身體產生變化，萬向成人的階段，兩性的不同特徵完全顯露出來。體格、乳腺、性器和其他部位的各種正常變化，常讓發育中的人產生幾許不安和困惑。

此時，女性特有的生理現象，也會出現；至於男性，也有和初潮相似的精通現象。

男性聲音變得低沈粗啞，骨骼男性化，性器也開始發育；女性乳房發達，性器色素沈著，陰唇肥大，陰毛也長出，這些均是外觀上，非常明顯的現象。

這些均是變成成年人所必要的生理現象。思春期即為一生中重要的轉變期，體內內分泌荷爾蒙和自律神經，容易呈現不穩定的現象。情緒低落、脾氣急躁，有時又會有莫名的興奮。

面皰，也容易長出來，而成為少男少女的最大煩惱。女性的生理現象開始，但無法維持正常的週期性，而且許多人會有劇烈的生理痛。

在偶然的機會中，也會開始自慰。從初潮、精通開始，經過三至五年，身體便會發育為成年的體態，這時思春期便告結束。思春期，性荷爾蒙分泌機能特別發達，年輕的身體對性器和異性，均抱持著莫大的好奇和關心。

如果男性對女性的身體、性器、性愛行為產生妄想，每每會產生激烈的衝動。不過女性不會像男性一般，具體地想像性愛，這點成長中的兩性大不相同。女性對自己心儀的男性，會想獲得他的溫柔和愛意，但對性愛的衝動，沒有具體性的自覺。

男性對於性愛關係的看法，年輕與成熟者之間，有著相當的差異。越是年輕的男性，性行為的發生常與「愛」無關，純粹只是一種發洩的情慾而已。但是女性大多認為，男女相愛才會有性行為，是愛引燃性。

從這點看來，女性會把性衝動，誤認為愛的結果，而自然地發展成從來未有的性經驗，如果不幸懷孕，就只有做人工流產，這種令人後悔莫及的行為，經常發生在懵懂無知的青春期的男女身上。所以首次有性行為的女性，應事先明瞭有關妊娠、疾病等，並絕對保持自主性。

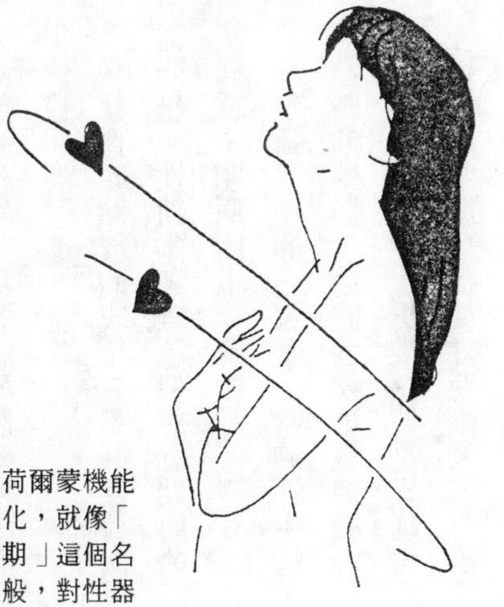

女性荷爾蒙機能活潑化，就像「思春期」這個名詞一般，對性器和異性均會有異常的關注。

## ②二十歲以後的變化

思春期一過，到了二十歲，精神上也成長至成熟階段，而成為身心平衡的女性。這時卵巢機能安定，生理週期順利穩定。男性會從睪丸分泌出睪丸脂酮——男性荷爾蒙；而女性的卵巢則分泌雌激素（卵胞荷爾蒙），亦稱為動情激素，和黃體激素（黃體荷爾蒙），這兩種均是妊娠時所必需的荷爾蒙。在每個月一次的生理週期中，前半段分泌卵胞荷爾蒙，後半段分泌黃體激素，身體狀況需要完全配合這兩種荷爾蒙的分泌，所以說女性的身體構造，要比男性複雜多了。

發育成熟後的成年人，其性荷爾蒙的分泌量會逐漸減少，至足以供給成年男女身體所必需的量。性荷爾蒙雖不似思春期般的旺盛，但仍會持續且安定地分泌至中年，除非是特殊的疾病或不明原因，才會中斷。

在這段期間，過著正常的性生活，懷孕、生產、人工流產等現象來臨時，性荷爾蒙會依照當時的情形，適時適量地發揮機能。

在性生活中，男性精液是異種蛋白質，對女性的身體發生作用，在性器和心理上均是一種新鮮的刺激，促使性荷爾蒙的分泌活潑化，女性的身體，因而豐滿成熟，十分性感。

至於人工流產，對懷孕中的女性身體，是一種突然且不自然的傷害，所以事後得注意調養的工作，否則會引起自律神經失調病，而貧血，甚至破壞性機能，影響到以後的性行為，所以人工流產應經過審慎的考慮和選擇。

懷孕時，會從胎盤中分泌性腺刺激荷爾蒙（絨毛膜性腺激素），荷爾蒙不僅可防止流產或早產，且會促進女性所有的內分泌機能，具有強化的作用。所以生過孩子以後，身體應該反而更加健康，更具有女性的魅力。有時生產後，會特別容易達到高潮。

## ③三十歲以後的變化

過了三十歲以後，二十歲時安定且持續的荷爾蒙分泌，也到了中年的轉變期。這時，性荷爾蒙和其他內分泌機能，開始衰微，身體也會明顯地改變。如果以初潮為女性第一個轉變期，則思春期以後為第二個轉變期，三十歲以後則為第三個轉變期。

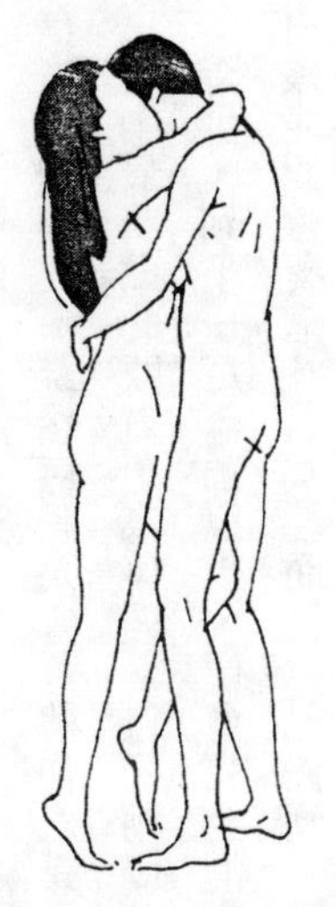

三十歲以後，是女性的第三轉換期，連性荷爾蒙和其他內分泌機能，也會開始衰微。

到了這段時期，一般而言會有發胖的傾向，及各種中年的成人病出現，此外亦比年輕人容易疲倦，恢復失去的體力，則需相當的時間。連性生活也會有所不同，會將重點自然地移轉至「質」上，而不太注重次數，所以較二十歲左右的年輕人，更能體會到性生活的樂趣。

## ④四十歲以後的變化

四十歲以後，卵巢機能會逐漸衰微，腦下垂體前葉荷爾蒙，和其他的內分泌荷爾蒙間，會有失調的狀況，雖然每個人會有稍許差異，但是身體或精神上的某些變化，是必然的。

其中最明顯的改變，為停經。自初潮以來，每個月一次的月經，會逐漸地不順，分泌量時多時少，到了一定年齡以後，便會完全消失。初潮開始，卵巢機能相當活潑。而停經後，卵巢機能便會萎縮，對女性而言，已經到了第四個轉變期，也就是更年期。

每個月來臨的「月經」消失，對更年期女性而言，不僅是身體的一種變化，對精神而言，也是一種不小的震撼。加上荷爾蒙的失調，情緒會不太平穩，一下子興致高漲，很快地又會情緒低落。

在身體方面，有自律神經失調症等症狀，容易感到身體各部份不太正常。過了停經期三至五年，身心會逐漸地恢復平衡，適應了這種狀態，才能保持健康。男性的情形亦如女性相似。

在身心完全平穩以前，可以較繁忙緊張的工作和興趣，來改變情緒，或每天做做輕度的停經，對中年女性而言，無論是身體或精神上，均會產生相當程度的影響。在健康情形呈現穩定以前，應多利用興趣、工作或運動，來保持身心的輕鬆愉快，以淡忘身體變化所帶來的不適應。

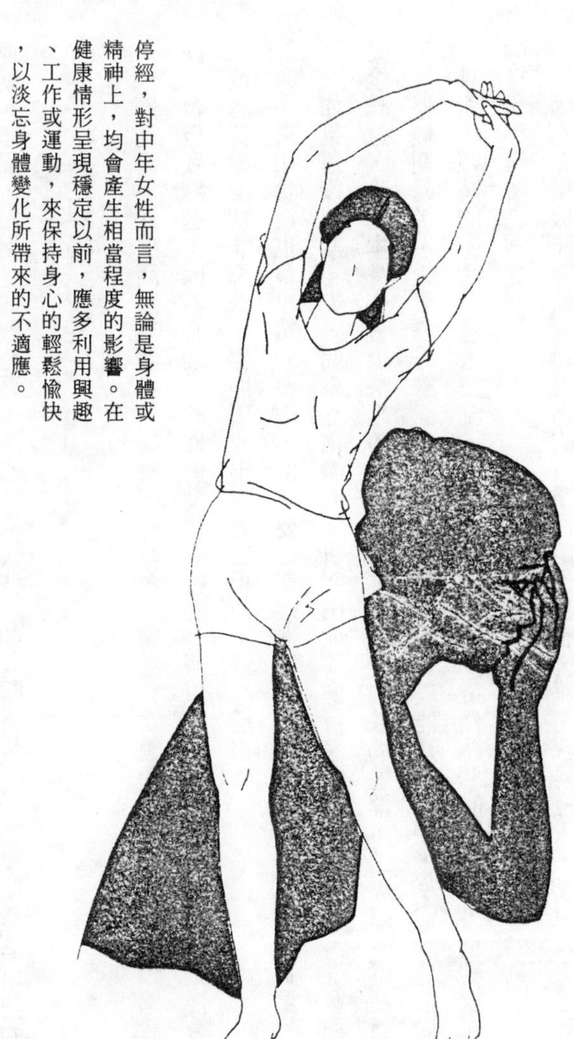

運動、體操，以促進血液循環，讓心情愉快些，如此較容易忘記身體的變化所引起的不適應。

## ⑤五十歲以後的變化

停經後，性生活因為卵巢荷爾蒙機能減弱，興趣和次數均會減少。但人類畢竟和動物不同，會自我調適。因為心理上的性衝動比例較高，所以過去性生活的經驗和記憶會加以補償，或者荷爾蒙功能降低，也能研究出和過去相似的性生活來。

子宮和陰道也會自然的萎縮，但只要定期地進行性行為，就不至於無法做愛。

如果這段時期，夫妻間未互相溝通，研究出如何進行愉快的性生活時，就會和性愛關係完全疏遠，陰道本身亦會很快地萎縮，變得不能接受男性的性器，這點應特別注意防範。

停經期過後，夫妻雙方應注意彼此的健康狀況，就能比中年期，享受到更歡愉的性生活，且與年輕時的生活，有著完全不同的格調和樂趣。這個時期的性生活，重點放在溫馨柔和的性愛和撫觸之中。

因為卵巢機能降低，連陰道的自淨作用也衰微，雜菌容易侵入，所以有患老年性陰道炎的可能，也會引起男性尿道炎，所以必需定期接受健康檢查，以期早日發現疾病的徵兆。

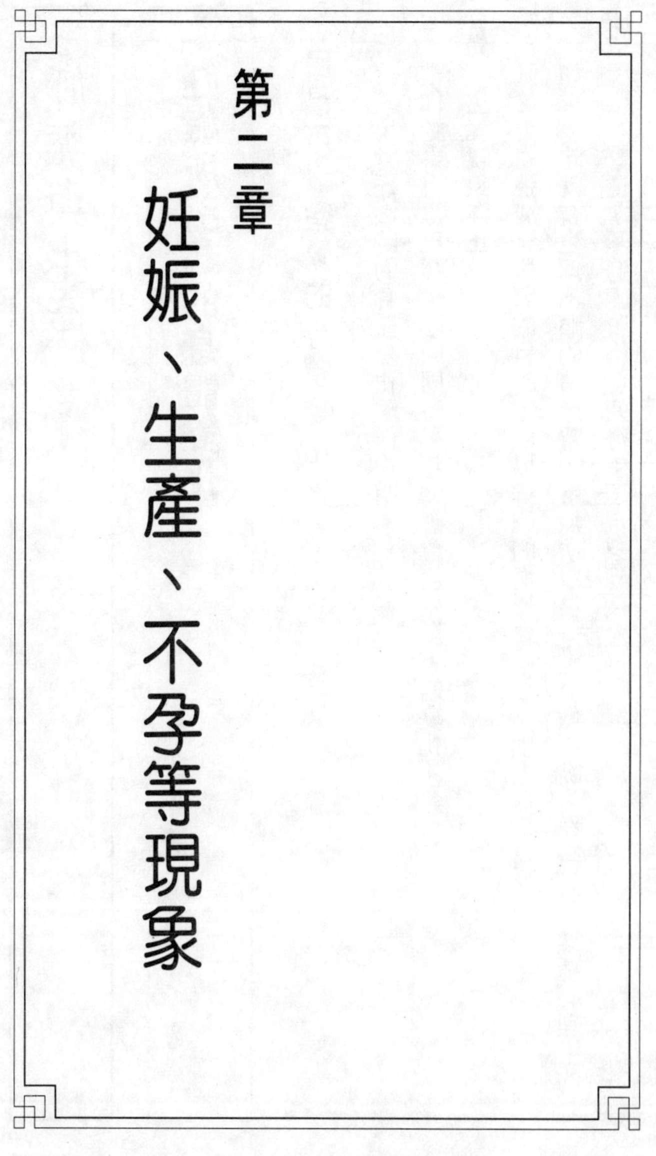

# 第二章　妊娠、生產、不孕等現象

# 妊娠與生產

## 妊娠所引起的身體變化

### ①自己可以察覺的身體變化

首先，對妊娠時的身體變化略作說明。

當你認為自己已經懷孕的同時，身體應會發生以下的變化。

**首先，生理現象停止**

妊娠就是達成了排卵的目的，所以排卵的情形會中止，生理現象當然消失。

如果平時就有生理不順的情形時，就無法以這一點來做判斷。有時為了某種心理上的刺激或緊張、繁忙、不適應，均會使得生理現象延後。

所以沒有生理現象，並不表示一定是妊娠。如果生理死後二週以上，便應至婦產科檢查，以確定是否懷孕。

事實上，妊娠時也會發生妊娠月經，這種少量的出血，有時被誤認為正常的生理現象，而不知道自己已經懷孕了。

這種少量出血，有時會引起流產，甚至危害女性的身體。所以平時應記下基礎體溫表，以了解自己身體的週期，尤其是月經不順者，更要從平時開始注意。

**妊娠時，乳房會膨脹，乳頭會變大**

妊娠後，乳房會有飽實的感覺，開始為授乳做準備。平時在生理日時，身體會浮腫、乳房會膨脹，如果這種現象持續著，自己便得多加留意了。

**有孕吐的症狀**

孕吐大多出現在妊娠二、三個月時，但是每個人略有不同。懷孕的人，在早上會有噁心的感覺，對氣味特別敏感，容易感覺肚子餓，

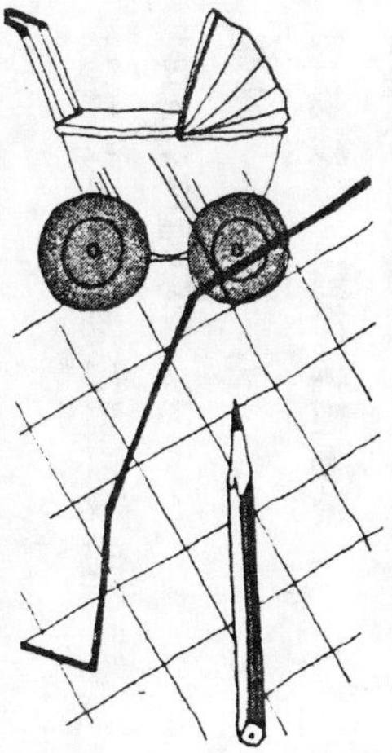

如果生理現象延後兩週以上，應至醫院確認是否懷孕。

情緒容易低落，胃腸消化有所阻礙，同時對食物的好憎也會不同，較容易對酸和冷的食物產生食慾。

除此以外，也常出現以下的症狀：

**容易發生便秘**

**頻尿**

**容易疲倦，變得神經過敏**

**有著貧血的傾向**

自我診斷的方法——生理現象延後兩週未出現，高溫期持續三週以上，把這二點當成重點做判斷，但仍要請示醫生，做最後的確認。

## ②醫師的妊娠檢查

**以尿液來檢查妊娠與否。（HCG檢查）**

妊娠時，在尿液中會分泌所謂的胎盤性性腺激素。以此為診斷重點。

**以內診來看性器的變化**

妊娠後，子宮會較柔軟且稍稍變大，陰道或外陰道的顏色，會較平時黑些，醫生的檢查重點就在這裡。所以至醫院檢查時，穿著裙子會方便些。

妊娠檢查，以此兩個方向為重點，但是檢查的時間，應為生理現象停止後二週以上，否則無法準確的診斷。到醫院接受檢查的女性，應將最後一次月經開始的日子告訴醫生，因為懷孕，是從上一次的月經開始那一天算起。

同時，妊娠一個月以四週計算，即二十八天而非平時的三十天。譬如：你在生理日停止後的第二週知道懷孕，也就是第六週，即為妊娠的第二個月。如果自己誤以為生理現象延後，而白白地等待一個月，就變成妊娠的第三個月了。在這拖延的一個月中，與其自我無謂的煩惱，倒不如儘快知道情況，及早做好準備。

## ◇所謂的想像妊娠

心理和身體的變化，有著相當密切的關連。譬如：過度的煩惱或受刺激，均會致使生理現象延後或中斷。戰時，便有許多女性發生這種情形。

「想像妊娠」，充分表示出身體和心理間，複雜的關係。譬如：深懼懷孕者或是相當期待懷孕者，這些過度關心妊娠與否的女性，特別容易發生「想像妊娠」。

生理現象停止，乳房膨脹，有人甚至出現孕吐的情形，越來越多的現象可以證明是懷孕，也因此表現出孕婦的姿態來。但是經過醫生的檢查，卻發現並未懷孕。因此恢復成原來的樣子。所以身心保持平衡是很重要的事。

## ◇自己能做的尿液檢查

美國據說已有一種藥劑，可以檢查出懷孕與否，價錢十分便宜，用法也很簡單。

將尿液放進藥瓶中，再放入藥劑，然後充分搖勻，依照其顯現結果做判斷。當然這種自我檢查常會出現誤判，所以為了證實這份喜訊，仍須請示婦產科醫生。

# 受精的過程

「受精」，究竟是如何發生的？

「不要認為只是做愛的關係，事實上，受精的過程複雜且有趣。

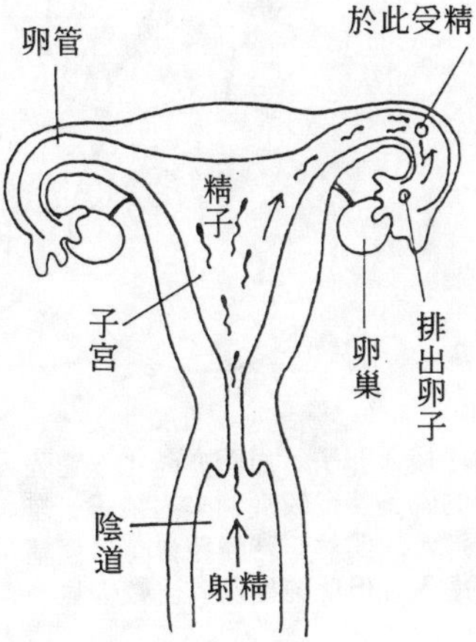

## ①精子之旅

精子在男性的精巢中，一天約可裝造二億個精子。做愛或自慰時，就會射出。

精子一個大約〇・〇五㎜，狀似蝌蚪。一次射精量約三至五cc，其中約含有二至四億個精子。而女性一次排卵只有一個，兩種數量上竟有如此大的差異。一個卵子和二至四億個精子中的一個結合，即為「受精」。

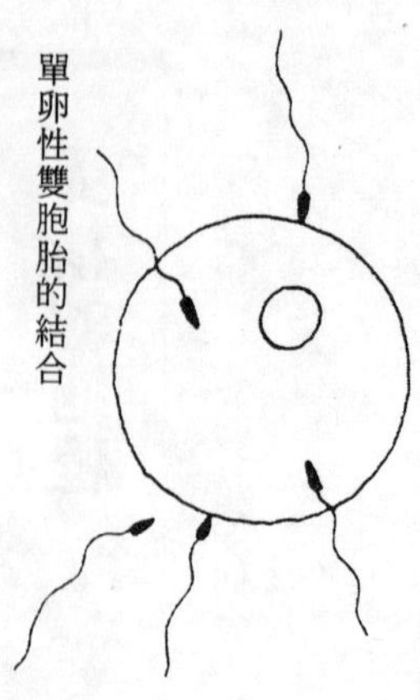

單卵性雙胞胎的結合

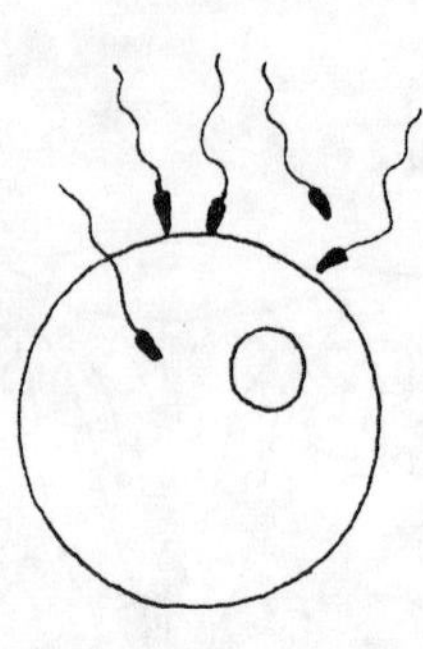

精子侵入卵子，周圍亦產生一道強固的膜，使得較晚到來的精子，無法進入。雖然有時難免會有二個精子進入，但此純屬例外，較少見。

射入女性陰道內的精子，其時速高達十三至十八公里，從陰道向著子宮，再向著卵巢前進。

## ②精子與卵子的結合

卵子在卵巢中製造，由左右卵巢輪流排出，經由輸卵管進入子宮。

卵子在輸卵管中，如果與射入的精子相結合，便會受孕。

受精的一瞬間，應該是十分戲劇化的。精子頭部會排出酵素，破壞卵子的外膜，然後乘機侵入體內，卵子的外圍附上一層強固的外膜，使得其他精子難以進入。

## 〈雙卵性雙胞胎和單卵性雙胞胎的差異〉

通常一個精子與一個卵子結合，而孕育成一個胎兒。如果同時排出二個卵子，且二個精子同時進入，就會產生兩個受精卵，此為雙卵性雙胞胎。相反地，如果是二個精子進入一個卵子中，即會生出單卵性雙胞胎。

輸卵管內部，從卵巢向著子宮，會長出纖細的絨毛，而精子的頭部會鑽動，以前後鑽動的方式，反抗著細絨毛的阻礙而侵入。所以能夠到達卵子內部的精子均是活力旺盛的精子。

到達輸卵管後的精子，可存活七十二小時，即使是輸卵管無卵子的情況下，亦可等待七十二小時，而卵子卻只能生存二十四小時而已。

## ③關於受胎

一旦受精，卵子便開始活潑地進行細胞分裂，第一天分裂成二，然後分裂成四、八，四至五天即由輸卵管進入子宮。

這時，子宮內膜會開始發生作用。

子宮內膜在排卵時，隨時準備好接納受精卵，充血且變厚。打個比方來說，受精卵如同一粒種子，而子宮內膜就好似營養豐富的土壤。

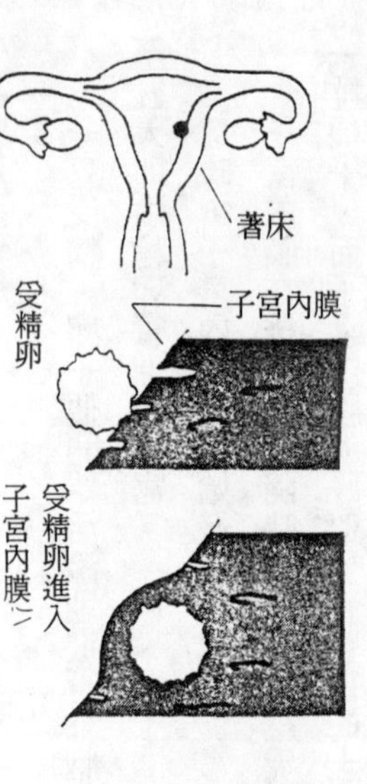


到了子宮內膜，受精卵繼續分裂，形狀就像桑樹的果實一般，故稱為「桑實胚」。受精卵至子宮內膜便是「著床」，這種情形即為「受胎」，亦為妊娠。

到達子宮的受精卵，會從子宮內獲得足夠的營養，繼續成長。

以上乃為受精的過程，女性對這個現象應有足夠的認識，並應好好地保護自己的身體。

## ④「生男育女」能隨心所欲嗎？

現今社會，小家庭隨處可見，實行家庭計劃的結果，想要生男或生女的夫妻越來越多。以往為了傳宗接代的理由，生子是雙親的企望，因而想出了各種方法來控制。而其中絕大部份，仍是採用精子獨具的染色體特性。

人之染色體共有四十六個（二十三對），其中兩個可決定男女性別。這兩個染色體為X

X，則必為女孩；為XY，則為男孩。從女性卵巢排出的卵子，必為X染色體，所以決定權在於睪丸中的精子，其有X或Y二種染色體。

含X染色體的精子與卵子結合，而受精，孕育出女孩，若含Y染色體之精子與卵子結合，則會生出男孩來。含X染色體之精子，具有耐酸性和持久力；至於含Y染色體之精子則喜歡鹼性的環境。

想要控制生男或生女，便是利用這種特性，但至今仍無多大的把握。

首先利用食物和藥劑，改變女性的體質成鹼性，而男性為酸性體質，如此生男的機率便會提高。除了這種方法之外，也有用藥品讓陰道呈鹼性，然後才射精，提供Y染色體的精子，一個較有利的環境。

後者，是一種較自然的控制法。

另外，也有以離心分離法或電動泳動法，將X和Y染色體的精子分開，再進行人工受精。

近年來英國發明一種藥物（凍藥），可注

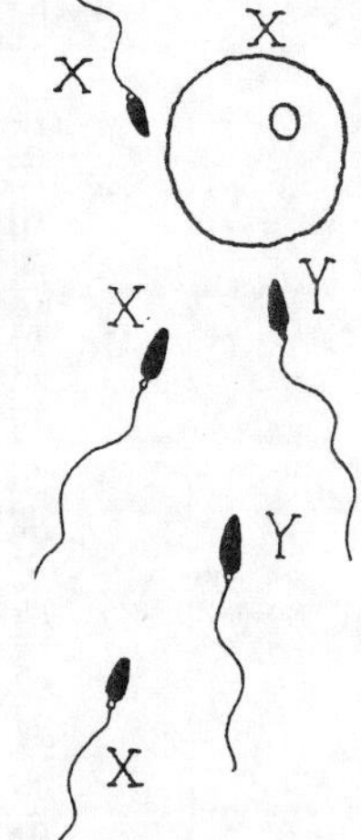


如果是X＋X的結合，生女；X＋Y的結合，則生男。

入陰道內，以控制酸度，但這種方式較不安全，所以贊成與反對者均有，衆說紛云。

妊娠後，做羊水測定，超音波檢查、或由唾液，均可預先知道胎兒的性別，但這對於自己生男或生女的心願，無補於事。

## 胎兒的孕育和出生

通常妊娠期為十個月，但一個月是以四週來計算，即為二十八天，亦即十個月應是二百八十天。

至於胎內嬰兒的成長過程，則如下所述：

**第一個月**

受精卵於子宮壁內著床。到了第一個月末期，便成長到眼睛可見的程度。通常這個階段，孕婦自己尚未發覺已經懷孕。但生理現象則已經中止。

**第二個月**

胎兒的主要器官會陸續生成，且略具胎形。首先是脊椎、神經系統，然後是心臟及肺。

在第二個月末期，身高約有二‧五公分。

這期間，母體會有孕吐的症狀，同時乳房變大，子宮也膨脹。而且從第二個月中期，也就是生理日停止後，約第二週，就能做妊娠診斷。

**第三個月**

胎兒已呈人形，身體的各部份已經長出，故能區分男女性別來。此時胎兒身長約五至十公分，重約二〇公克。

第三個月末期，母體孕吐的症狀會慢慢消失，但卻容易便秘或頻尿。

**第四個月**

胎兒完全發育成人形，也會吸吮手指，亦能排尿，連皮膚組織亦很發達。此期身長約十八公分，重約一二〇公克。

就在此期，胎盤完成，母體與胎兒以臍帶相連。母體乳房顏色變深，同時也會出現妊娠線。

**第五個月**

胎兒生出指甲和體毛，手腳也會開始活動，這時母體亦能感受到胎兒的動靜，即為「胎動」。同時，也能聽到胎兒的心音。此期胎兒身長二十五公分，體重約二五〇公克。這時，母體的腹部會突然覺得大了許多。

**第六個月**

胎兒會張張眼皮，握住拳頭。身長約三〇公分，重達六五〇公克。

母體偶爾會分泌出淡淡的乳汁。

**第七個月**

胎兒身體的表面為胎毛覆蓋，身長三十五公分，重達一公斤。

母體可以感覺到，子宮的位置在肚臍的高度。

**第八個月**

胎兒身長四〇公分，體重一•五公斤。此時各器官機能已有相當程度的發達。即使是此期提早誕生，存活率亦高。

母體肚臍處變得平坦，腹部則變得沈重。

**第九個月**

胎兒已有嬰兒特有的表情，此期身高已達四十五公分，重約二公斤。

【胎兒的四十週成長過程】

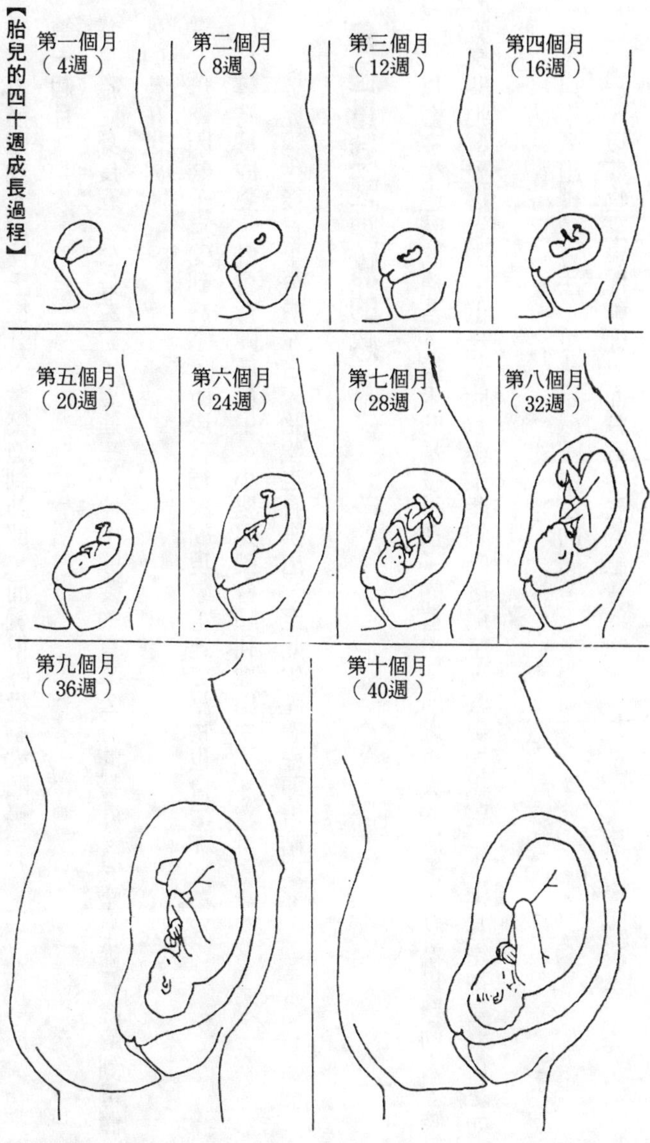
第一個月
（4週）
第二個月
（8週）
第三個月
（12週）
第四個月
（16週）
第五個月
（20週）
第六個月
（24週）
第七個月
（28週）
第八個月
（32週）
第九個月
（36週）
第十個月
（40週）

母體因為子宮往上提升，會壓迫到肺部，而覺得呼吸不太順暢。

第十個月

胎兒身長五〇公分左右，重達三公斤，頭髮約有二公分的長度。完全準備好降臨到母體外的花花世界。

母體因為子宮受到擠壓，所以有頻尿的現象，連分泌物也會增加。等時機成熟，就會有陣痛發生，小嬰兒就會順利地出生了。

嬰兒誕生後三十分鐘左右，胎盤也會排出，至此生產過程即告結束。

## ●儘量減輕陣痛的感覺

母體在生產時的痛苦，換來的是獲得孩子的喜悅。所以再大的痛苦，身為母親的人，咬緊牙關也會硬撐過去。但是若能減輕生產時的疼痛感，就更加完美了。尤其是初產婦更是如此想。

以下列出幾項方法，可藉以減輕生產的痛苦——

一、以藥物來麻痺神經，而減輕疼痛的感覺。

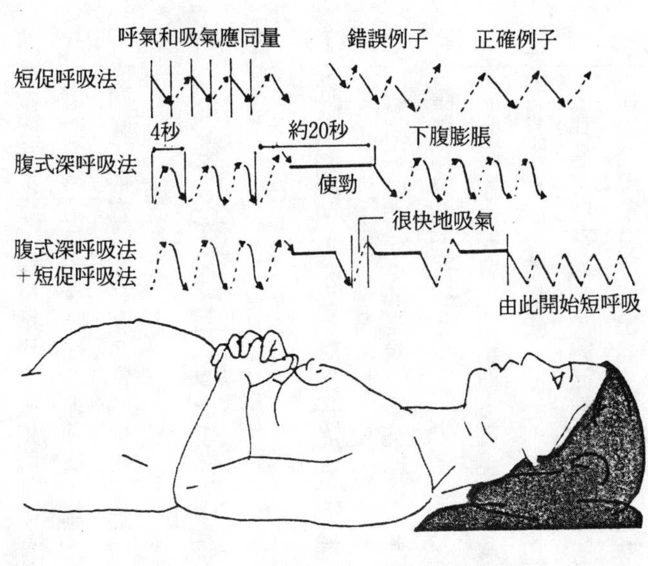


除了情況特殊，否則醫生不會隨便使用這種方法。

二、利用精神療法或訓練，來消除生產所帶來的精神壓力。並訓練產婦能把陣痛的子宮收縮，和生產配合，適時地使勁。此為較健康的生產法。

既要自然地生產，也要將疼痛降至最低限度，是這個生產方式的目的。

這種生產法，是在醫生，助產士或護士的協助下，所完成的方法，大約是妊娠進入第十個月以後，才開始進行。

同時，短促的呼吸法也得充分配合，才能順利地生產。所謂「短促呼吸法」，即為呼氣和吸氣均同樣地短促；或練習腹式深呼吸法，然後做腹部按摩，輕輕地用手壓迫腹部；或使用拉馬斯氏法，也可做腹肌和骨盆肌肉的體操。

這些方法均是生產時配合著陣痛，讓子宮容易收縮，全身肌肉鬆弛為目的的練習法。

到底那種方法較好呢？當然得和主治醫生商量後，才能決定。

## 流產及妊娠中應注意的事情

### ①妊娠初期，容易發生流產的情形

所謂「流產」，即是為了某種原因，胎兒中途離開子宮，排出母體外。這種情形，首先會有腹痛和出血的症狀。

流產時，母體會大量出血，甚至會引致死亡，不能不小心。流產通常發生在妊娠初期，懷孕者常常無法及時發覺。

尤其是生理不順者，時而有生理現象，時而沒有；或生產期間長短不定者，均要特別留心。如果發現稍有異常出血，就表示有流產的可能性，應趕快到醫院檢查。

## ②子宮外孕，應盡快處置

受精卵本應在子宮內膜著床，如果受精卵意外地附在輸卵管中或卵巢中成長，此即為「子宮外孕」。

子宮外孕，受精卵是附於不應該著床的地方孕育成長，這種情形下，非但無法順利地生長，早晚也會破裂而造成大量的出血，而引起生命危險，應儘早發現，及時解決。

如果腹痛，且原因不明的出血，就應該及時到醫院去檢查。

要過著健康的性生活，首先得認識自己身體的週期和變化。同時，隨時注意自己身體的變化，是否有懷孕的症狀，如果無法做到這種程度，就得考慮各種安全的避孕方法。

## ③妊娠初期，應特別注意的事

妊娠時，儘量避免刺激，因懷孕而倍加敏感的子宮，這是避免流產的第一步。當然，日常生活中，有各種必須多方注意的事，其中最難以避免的是性生活。

通常妊娠二至三個月間，和九至十個月間，是最危險的期間。這段期間應儘量避免性興奮的情形。

行房事時，體位也很重要，盡量採取淺的結合，且不可對孕婦施以腹壓，切忌在高潮時，引發子宮痙攣。

此外，妊娠前的月經期間和妊娠危險期以外的時期內，也應儘量避免上述的情形。

對妻子而言，妊娠期的禁慾，最怕丈夫因而在外尋求刺激，拈花惹草，為了消弭這種不安，應和丈夫多多溝通，取得丈夫的諒解和協助，並時多以愛撫和口交來代替性交，多少減低丈夫的性衝動。或者可用前戲，至丈夫即將射精之時，改用淺結合使其射精即可。

除了性生活外，精神上的緊張感和體力上的過度消耗也要儘量避免。長途步行和長距離的旅行，或下腹部會用力的工作都是導致流產的前因。如果以前已有流產或早產的經驗者，尤應注意。

妊娠期間，最好不要抽煙、喝酒或大量飲用咖啡，睡眠要足夠。且不可隨便服用成藥。

在接受婦產科醫生治療時，應先讓他知道自己正在妊娠期間。

## ④妊娠初期以外的期間，應注意之事

妊娠初期以後，產期之前為中間期，能從事某個程度的性生活，但得多加小心，避免深度的結合。

妻子既要自我抑制，又要滿足丈夫的性慾，的確需要多加研究前述的前戲，對於性交時的體位，也要避免壓迫到腹部的姿勢，如果孕婦採取上位時，要用側臥位或交叉位等淺的結合，動作要比平時緩慢些。

## 克服不孕之症

### ●首先得查明原因

目前，十對夫妻中就有一對沒有生育；歐美更嚴重，七對中即有一對。

沒有避孕，但也毫無妊娠的動靜時，如果在從前，結婚三年若無懷孕徵候，即認為不孕症；現今則如果一年未避孕也無法懷孕時，就得馬上到婦產科檢查，以明白不孕的原因，及早診治。

如果精子數量不足，便得杜絕喝酒和抽煙。

不孕的原因，不外是出於男性和女性雙方面無法配合，或是單方面有某些缺陷。也有雙方面均找不出任何問題，卻又無法受孕的例子。

如果原因出在男性身上，大多是精子的數量和運動性，在正常妊娠時所必需的基準以下。女性的問題就顯得複雜多了，輸卵管、卵巢、子宮、陰道等的機能，任何一部份出了問題，都有不孕的可能。

不管原因出在任何一方，均要到醫院接受治療。但在日常生活中，夫妻間應多方配合，減少阻礙妊娠的因素至最低的程度。

到了排卵日，如果女性突然地要求男性射精，有時反而會弄巧成拙。如果能事前讓男性知道自己排卵預定日，而及早調整工作和其他的計劃，做充分地準備。另外，在臥室的牆上，若能貼上寫了排卵預定日的體溫表，也是一種很好的提醒法。

如果男性的精子不足時，切忌大量的飲酒和抽煙，咖啡因含量高的飲料也應少喝。此外，睡眠不足和工作壓力過重，或身心過分緊張，都會讓情況更加惡化。

有時，懷孕的慾望及想法太強烈，而忽略了性行為過程的樂趣，反而引起不良的結合。

## 關於懷孕的問與答

### ◆能預先知道懷孕的好方法

**問**：一位十九歲的大學女生，和她的男友在一年前開始性關係，而且次數頻繁。但是她經常為她的生理不順煩惱，有時延後太久，常懷疑自己是否已經懷孕，而感到極度不安。

有無能確實判斷懷孕與否的方法？

**答**：利用生理現象和孕吐症狀，及乳房是否膨脹，均可知道自己是否懷孕。但這些判斷方式並非十分可靠，因為這些症狀，某些人會及時出現，但某些人卻延後，甚至不會出現，對這些人而言，這些判斷根據毫不客觀。

這裡我推薦一種方法，就是耐心地記錄和測量自己的基礎體溫，以此方法可馬上知道排卵日和是否懷孕。至於其他的就只有依賴完全的避孕了。

## ◆以二十八日為一個月來計算

問：懷孕零月的推算法為何？

答：從最後一次月經的第一天開始計算，也就是包括尚未懷孕的某些時日，這點千萬不要算錯。同時一個月應為二十八天，十月懷胎，即為二八〇天。胎兒會從最後一次月經的第一天算起，約二八〇天出生。也就是發覺生理現象未如期來臨，而延後第二週時，已是懷孕的第二個月了。

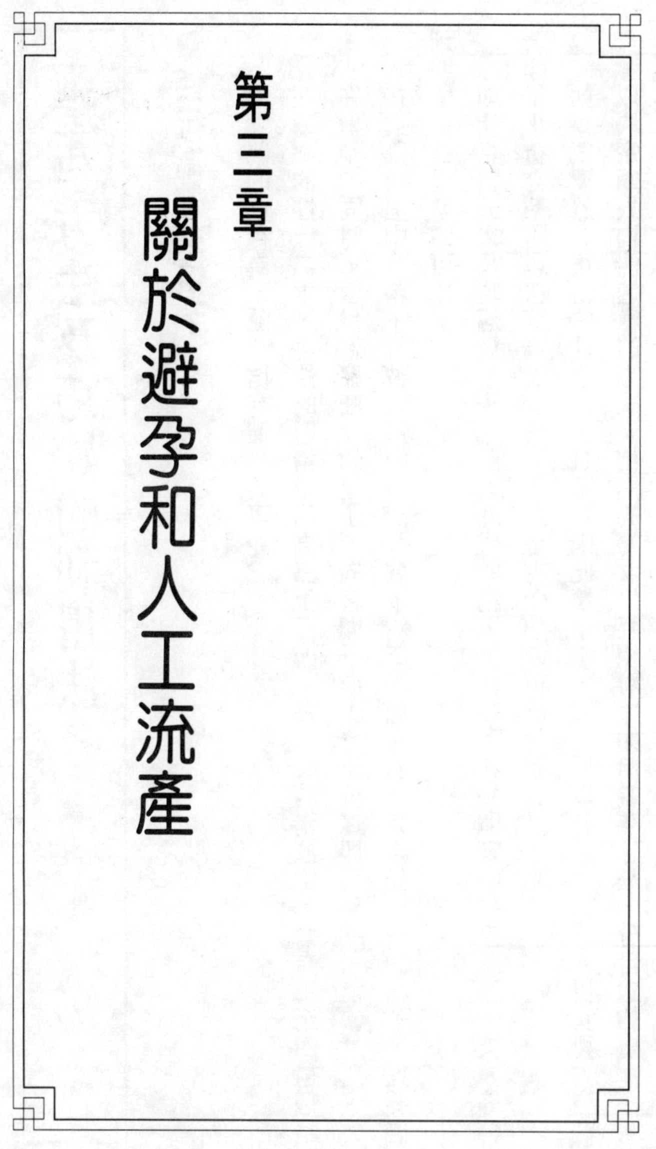

# 第三章 關於避孕和人工流產

# 避孕方法及巧妙的利用法

## ●性行為帶來懷孕

男女間的性行為，隨時均有懷孕的可能。

在一次的性行為中，男性的射精量約為三至五cc，在一cc的精液中，含有一至四億個精子。在射精的同時，數量這麼龐大的精子，向著卵子游去，十分鐘即可到達子宮。

在這段過程中，精子會被大量的淘汰，剩下約二千個左右。其中任何一個精子，只要碰到卵子就有受孕的可能了。

即使是當天未及時遇見卵子，活力旺盛的精子，往往可在輸卵管中生存三至七天，等待著卵子來會合。所以自認為安全日，也還是有受孕的可能。

如果既要過著正常的性生活，且不想因此懷孕者，只得採取避孕的方式。男女雙方應商量，以決定兩人均能適應的方式。相愛的男女，互相討論如何避孕，是十分自然的事。

但事實上，男性對於避孕較不關心，所以往往無法充分地顧及女性的立場。女性常會為了生理延後而不安，也常為要不要懷孕而煩惱，種種的困擾都要自己承擔。非但如此，如果避孕失敗而懷孕，甚至得接受人工流產的酷刑，身心受到傷害的是女性本身。至於男性能做的，就只有負擔費用，道歉和陪伴著女性而已。

因此，不可過度依賴對方來解決問題，應自己多方了解避孕的方法，並確實遵行。而且對不考慮女性的立場，任意求歡的異性，女性應有拒絕的決心。

雖然想從事性行為，但又怕因而受孕……。男女雙方應確實商量，以決定適合自己的避孕法。

## ●避孕的原理

避孕法五花八門，種類繁多，但最終目的相同，即為避免懷孕，亦即不讓男性的精子，在體內和卵子結合，這個簡易的原理，即為避孕。

## ●要選擇適合自己的避孕法

①避免法，可概略分為利用手術的方法，使用避孕器具或藥品，和利用身體週期性的生理現象，做自然的避孕。

②選擇那種方法完全是個人的自由，其中當然也有無效的方法，同時因為年齡，體質和有無生產經驗，有些方法不能隨便使用。有些避孕器具或藥品，可在藥房中購得，有些則須專門醫生指示方得使用。

③二十歲左右有過性經驗的人，大都使用保險套或陰道外射精。年輕人容易受到氣氛的影響，而突然發生性行為。

陰道外受精法，失敗的例子頗多。所以在這裡要列舉出「確實安全的避孕法」和「不可靠的避孕法」，供大家做參考：

| 確實安全的避孕法 | 不可靠的避孕法 |
|---|---|
| 保險套 | 陰道外射精 |

| | |
|---|---|
| 基礎體溫測定 | 陰道洗淨法 |
| 避孕藥 | 荻野式 |
| 樂普 | 子宮帽 |
| 手術 | 殺精子劑 |

④下面將為各種避孕法做詳細的說明，由自己去選擇適合且確實的避孕法。如果使用了不適合自己的方法，往往會中途放棄，無法持久。

## 保險套的正確使用法

### ●選用檢查合格的保險套

保險套是一種薄薄的橡皮套，可完全覆蓋陰莖，其形狀恰似手指頭。將保險套套在男性陰莖上，做愛射精時，精液才不會進入陰道，而留在保險套內。

保險套價錢相當便宜，容易購得，使用又簡便，所以最為實用。如果使用正確，其成功率高達九七％，而且對性病也有預防的功效。

保險套的使用者衆，所以普通藥房，超級市場或自動販賣機中均可買到，但須注意是否檢驗合格。

## ●保險套的正確使用法

為了避免失敗，應仔細學習正確的使用法。

當男性在性行為即將達到高潮前，陰莖勃起後，便得馬上使用，如果等到快要射精時才使用，往往會破壞性愛的樂趣和氣氛。而且在射精以前，精子會有部份混在愛液中，所以也有受孕的可能。

使用保險套，首先將前端的子袋稍加扭轉，讓空氣完全排出，並避免夾住陰毛，小心地套進陰莖的根部。

射精後，應壓住根部以避免精液流出，然後儘快取下。射精後，陰莖會從勃起的狀態、迅速地萎縮垂下，如果沒有馬上取下，精液可能會從陰莖和保險套的空隙間流出來，而進入陰道中。

## ●失敗的原因，大多是出在使用不當

使用保險套避孕失敗，其原因大多出於使用者方法不正確，至於因為保險套本身的缺陷而受孕者較少。

「本來打算在中途使用，因為他說還不會射精。結果等到想要使用時，已經來不及了。」

「也有人因為過於性急，而忘了將子袋的空氣擠出，以致於保險套破裂。」

「本來是使用保險套和荻野式避孕法，由於認為當天絕對安全而未用保險套，……」

「性行為後，因過度疲勞而忘記取下保險套便睡著了。」

以上這些失敗的例子，其原因不在保險套，而是在使用錯誤，所以自己要多加小心。

【保險套的使用法】

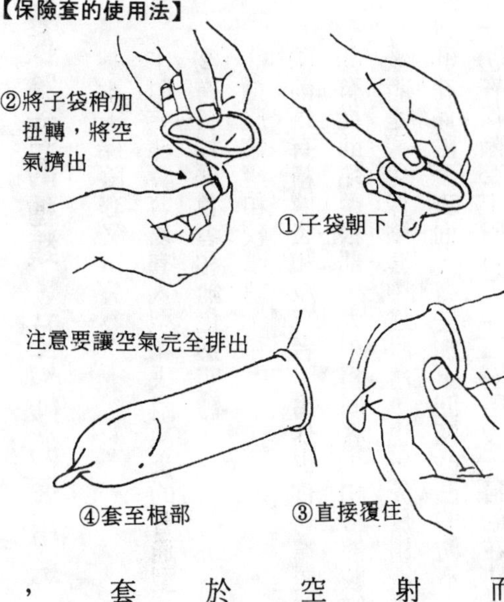

## ●保險套的種類，及巧妙的使用法

基本上保險套又可分為——

①附有凍膏容易套入型和未附凍膏的普通型。

②有各種顏色者和無色透明體。

③橡皮較薄和較厚型。

④前端有精液袋和沒有者，另外也有前端較鬆弛者。

⑤有從前端至根部，大小相同者，和根部較細且會收束者。後者是避免保險套中途脫落，也可免於精液流出而進入陰道，所做的特殊設計。

⑥在保險套表面，有些加上凹凹凸凸的防滑作用，以彌補橡皮因潮溼，降低摩擦力。

⑦在保險套上附有二、三層階段，目的在妨止精液逆流。

⑧為了方便使用和使用後會完全附著於皮膚上，有些保險套的內側，會塗上一層凍膏。

⑨保險套有不同的大小，可分為S、M、L、LL幾種，適合各種體型的男性使用。

⑩某些年輕的男性，因為前端的感覺過於敏銳，易發生早洩的現象。所以也有將橡皮前

端加厚的製品，以調整敏感度。

那一種類型較適合，需要個別試用後才知道。隨時準備著五或六種不同類型，依照當天的氣氛、對象、情緒，使用最恰當者。既能感受到性交的樂趣，也不會感到太多的麻煩，是避孕的第一要件。

大多數人認為，保險套應越薄越好。但許多年輕，尚未習慣性生活的男性，往往會粗野地插入或猛烈抽動，而使保險套破損。橡皮較厚的成品，既可妨止保險套前端破損，也可避

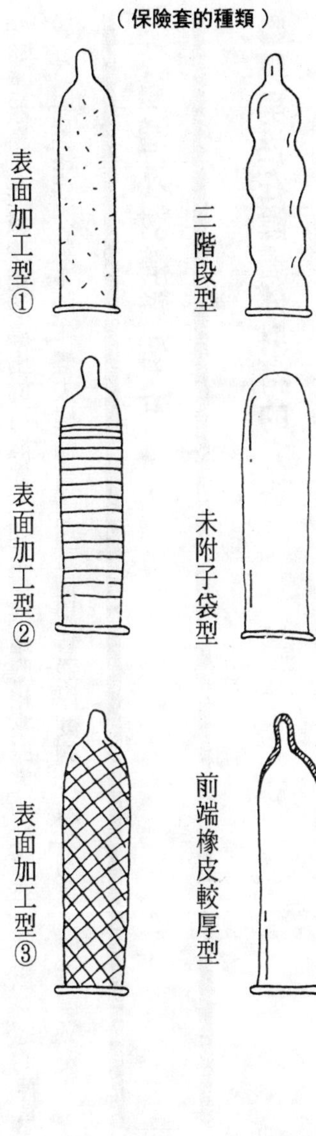

（保險套的種類）

免陰毛脫落，並減少精液漏出的可能性。如果無法適應相當厚度的保險套者，以普通的厚度較好。對性生活次數多的年輕夫婦而言，還是使用普通厚度的保險套為宜，既省錢又安全。

# 陰道外射精避孕法

## ●讓男性在陰道外射精的方法

男性在即將射精的時候，適時拔出陰莖，在陰道外射精。自古以來，即有人使用此法。這種完全依靠男性自制力的原始方法，可靠嗎？

這個方法被認為，如果未對著陰道內射精，就不可能有受孕的情形。這種單純、不可靠的方法，成功率往往只有十五～二〇％而已。

原因在於：第一，拔出陰莖的時間，往往無法掌握，只要有點差遲，就有受孕的可能。第二，在來回運動的期間，精液會在不知不覺中洩漏出來，即使只是少量，也有受孕的可能。第三，在陰道入口處射精，精子亦有進入陰道中的機會。雖然沒有性交，只是愛撫而在陰道附近射精，這種情形下也有造成懷孕的可能。那是因為部份特別有活力的精子，有時會衝過粘膜，進入陰道中。

這種陰道外射精的避孕法，即不使用藥物、器具，也不需事前做各種準備，隨時隨地可使用。這種既方便且經濟的方法，依靠的是男性的自制力。但是無論是多麼值得信賴的男性，也有控制不住的時候。同時，對男性而言，什麼時候應適時的拔出，也會感到猶豫，深怕破壞性行為中的一體感和快樂。所以想要確實感受到性愛的樂趣，還是完全避孕再做愛較安全。

# 子宮帽的使用法

## ●套在女性子宮上的子宮帽

是女性用的保險套。男性保險套套住陰莖，子宮帽則是套住子宮入口，以防止精子侵入。男性保險套，被稱為「法國人的帽子」，子宮帽則稱為「荷蘭人的帽子」，兩者均是成

〔子宮帽的使用法〕

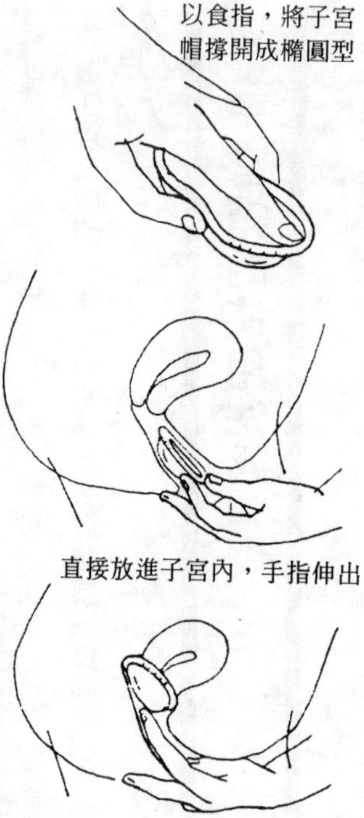

以食指，將子宮帽撐開成橢圓型

直接放進子宮內，手指伸出

子宮帽會套住子宮口

功率相當高的橡皮製品。

子宮帽有六〇至九〇㎜左右，而每一尺寸間，大約差二•五㎜。所以必須由醫生來決定適合的尺寸，並學習正確的使用法和取出的方法。男性保險套使用過便得丟棄，而子宮帽可使用一年左右，較具經濟性。行房事之前二小時放進體內，結束以後仍留在體內，經過八個小時以後再取出，洗淨後曬乾，即能再度使用。但如果體重增加五公斤以上時，就得改變尺寸。

# 陰道洗滌法

## ●以洗淨器洗滌進入陰道內的精子

射精後，以洗淨器洗條陰道內的精子，但這種方法，只會讓自己感到乾淨而已，並沒有達到避孕的效果。

射入陰道內的精子，不喜歡陰道內的弱酸性，而向著弱鹼性的子宮游去，通常一、二分鐘以後，就會抵達子宮內。所以即使是射精後，馬上起來洗滌乾淨，也來不及，而且會使性愛有一種突然中斷的感覺，也會破壞其中的樂趣。

洗淨器只能洗淨陰道，而無法除去附於陰

（攜帶式洗淨器的用法）

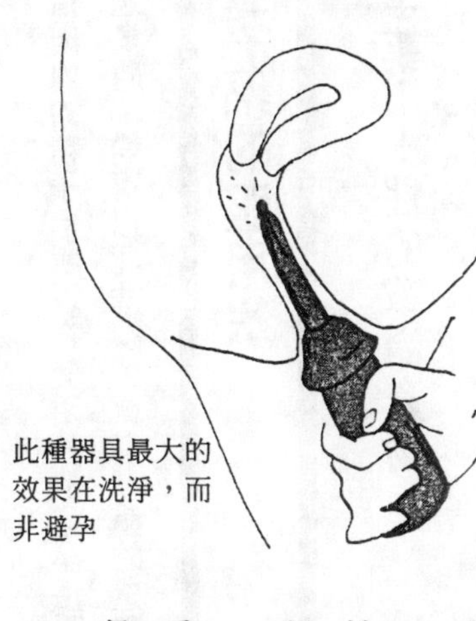

此種器具最大的效果在洗淨，而非避孕

道壁上褶肉內的精子。所以在使用其他避孕法之際，性交後，或生理期的最後一日，及陰道分泌物過多時，均可以此洗滌，會有潔淨的感覺。

# 避孕藥的服用法

## ●避孕藥——性的革命產物

一般的避孕藥即是口服避孕藥，其最大特徵是，避孕效果幾乎高達百分之百。

女性的身體一旦受孕，但會停止排卵，以免造成再度妊娠。所以只要讓身體保持著妊娠狀態，以中止排卵，根據這種原理，乃有避孕藥的發明。

連續地服用避孕藥，藥劑中的成分——黃體荷爾蒙，會讓身體變成與妊娠時相同的狀態，因而抑制排卵，即無卵子排出，無論精子如何努力，也不會受孕。

所以只要每天服用一錠避孕藥，據說成功率高達百分之百。能放心地享受性生活，所以避孕藥被稱為「性之革命產物」。

## ●為什麼無法在藥房中買到避孕藥？

避孕藥的種類頗多，應等醫生診斷後，再選擇適合的來服用。尤其是患有心臟病、肝臟病等內臟疾病及乳癌、或突眼性甲狀腺腫等荷爾蒙疾病的患者，更應特別注意。年齡方面，荷爾蒙尚未完全平衡的十七歲以前和體力逐漸衰微的四十歲以上，最好不要任意服用。

所以避孕藥並非任何藥房均有出售。

選用避孕藥以前，應先做尿液或血液檢查，然後服用一個月試試，再請醫生鑑定這種避孕藥，是否適合自己的體質，如果醫生覺得不太合適，應該馬上改用另外一種。在服用期間，最好每個月看醫生，事實上二至三個月上一次醫院即可，檢查後，領回二、三個月的份量。

## ●一天一錠——避孕藥的正確服用法

避孕藥是以二十天或二十一天為一個月份。從月經開始的第一天算起，第五天開始服用，每日一錠，連續服用二十或二十一天，然後停止服用，約三或四日，月經便會來臨。如此週而復始，每月以如此的方法服用避孕藥。

服用的時間由自己決定，但最好固定在某一時刻，以免忘記服用。

如果不小心而忘了服用，發覺後應馬上補充，有時一天服用二錠，也是不得已；隔天再恢復成一錠。如果連續二天忘了服用，那個月份就不要再服用避孕藥，改用其他的避孕法。

## ●避孕藥有無副作用

避孕藥是否帶有副作用？至今尚無法證實。開始使用時，有人會感到噁心、頭痛、疲倦、食慾不振及乳房膨脹等不適的感覺。那是因為避孕藥會讓身體處於妊娠的狀態，才會出現和孕吐相似的症狀。不過大多數的人，從第二個月起，就會恢復正常狀況。如果這種不舒適的情況相當嚴重，或持續好幾個月以上，便得與醫生商量，是否應改用其他的避孕藥，或避孕法。

也有人在服用避孕藥後，有發胖的傾向，但是否真的由避孕藥引發的，則無法證實。雖然目前服用的避孕藥，非常適合自己的體質，但也不可長期地服用，最好在服用二年後，改用其他的避孕藥為宜。

## ●其　他

避孕藥的成功率高，且價錢便宜，但並非每天行房事，為何要每天服用呢?同時長期地服用，不知會有什麼副作用?種種的懷疑存於許多人的心中。

如果避孕失敗，而不得不做人工流產相比，避孕藥的副作用危險顯得微不足道了。如果想要定期地進行性行為，身體健康的人最好是使用避孕藥。

同時，避孕藥對月經不順具有調節的作用;亦可減輕月經前後的腹痛，生理期間的精血量也可減少。所以對常為月經來臨而痛苦者而言，避孕藥反而是一種有效的治療，治療和避孕同時完成，一舉兩得。

## 殺精子劑(錠、凍膏)

在房事之前放入陰道內，殺死進入陰道內的精子，或讓它無法活動的避孕法。

## ●錠劑

性交之前，先將錠劑放進陰道內，經過十八分鐘會完全溶化，然後在陰道內起泡，殺死射入陰道內之精子，效果約可持續三十分鐘。如果性行為的時間太長，超過三十分鐘以上，就得在中途再使用一片。

如果錠劑未完全放入陰道內，或未完全溶化起泡前，便開始射精，及超過三十分鐘的有效期間，都會導致此法的失敗。

（錠劑的正確使用法）

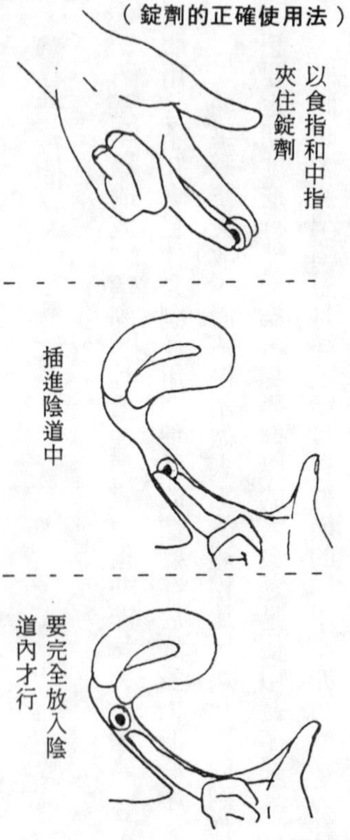

以食指和中指夾住錠劑

插進陰道中

要完全放入陰道內才行

所以得考慮前戲、陰莖插入和射精的時間，要完全配合好才好。

## ●避孕藥膏

形狀好似牙膏一般，在性交前十五分鐘，以注射器注入陰道內。為了使藥膏存留在陰道內，不致於洩漏出，最好以躺著姿勢較好，避孕的效果可持續一個小時。避孕藥膏和錠劑同樣，失敗的例子頗多。而且如果女性採取上位，或注入後又行走的話，就有流出體外之虞。

但是避孕藥膏，對插入陰道時會有疼痛感者，或愛液較少者，無疑具有潤滑的效果。但是單獨使用殺精子劑，無法達到完全的避孕，應與保險套、子宮帽搭配使用較好。

## 荻野式避孕法

### ●在排卵期間不做愛

「女性的排卵日，是下一次生理預定日往前推算，十二天至十六天之五天間」，這是荻野博士的學說，故此種避孕法，稱為荻野式避孕法。也就是在容易受孕的排卵期間，應盡量避免做愛。

依照荻野博士的計算法，將排卵期五天，加上精子在體內可生存的三日，再加上卵子可

（荻野式學說）　　卵子生存期

| 1 | 2 | 3 | 4 | 5 | 6 | 7 | 8 | 9 | 10 | 11 | 12 | 13 | 14 | 15 | 16 | 17 | 18 | 19 | 20 | 21 | 22 | 23 | 24 | 25 | 26 | 27 | 28 | 29 | 30 |
|---|---|---|---|---|---|---|---|---|---|---|---|---|---|---|---|---|---|---|---|---|---|---|---|---|---|---|---|---|---|
| 28 | 27 | 26 | 25 | 24 | 23 | 22 | 21 | 20 | 19 | 18 | 17 | 16 | 15 | 14 | 13 | 12 | 11 | 10 | 9 | 8 | 7 | 6 | 5 | 4 | 3 | 2 | 1 | | |
| 生理 | | | | 生理過後，較不容易受孕期 | | | | | 精子生存期 | | | 排卵期 | | | | | | | | | | 安全期 | | | ← 逆算 | | | 次回生理 | |

懷孕可能期

排卵期是由下一次的生理預定日往前推算，十二至十六日等五天內。

（荻野式避孕表）

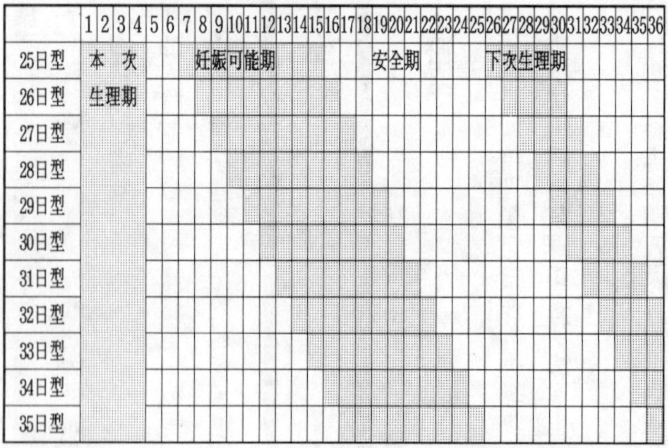

| | 1 | 2 | 3 | 4 | 5 | 6 | 7 | 8 | 9 | 10 | 11 | 12 | 13 | 14 | 15 | 16 | 17 | 18 | 19 | 20 | 21 | 22 | 23 | 24 | 25 | 26 | 27 | 28 | 29 | 30 | 31 | 32 | 33 | 34 | 35 | 36 |
|---|---|---|---|---|---|---|---|---|---|---|---|---|---|---|---|---|---|---|---|---|---|---|---|---|---|---|---|---|---|---|---|---|---|---|---|---|
| 25日型 | 本　次 | | | | | | | 妊娠可能期 | | | | | | | | | | | 安全期 | | | | | | | 下次生理期 | | | | | | | | | | |
| 26日型 | 生理期 | | | | | | | | | | | | | | | | | | | | | | | | | | | | | | | | | | | |
| 27日型 | | | | | | | | | | | | | | | | | | | | | | | | | | | | | | | | | | | | |
| 28日型 | | | | | | | | | | | | | | | | | | | | | | | | | | | | | | | | | | | | |
| 29日型 | | | | | | | | | | | | | | | | | | | | | | | | | | | | | | | | | | | | |
| 30日型 | | | | | | | | | | | | | | | | | | | | | | | | | | | | | | | | | | | | |
| 31日型 | | | | | | | | | | | | | | | | | | | | | | | | | | | | | | | | | | | | |
| 32日型 | | | | | | | | | | | | | | | | | | | | | | | | | | | | | | | | | | | | |
| 33日型 | | | | | | | | | | | | | | | | | | | | | | | | | | | | | | | | | | | | |
| 34日型 | | | | | | | | | | | | | | | | | | | | | | | | | | | | | | | | | | | | |
| 35日型 | | | | | | | | | | | | | | | | | | | | | | | | | | | | | | | | | | | | |

懷孕可能期至下一次的生理預定日之間，為安全期。

以生存的一天，共九天，為最容易受孕期，得多方留心。

但並非這九天以外的日子，均是安全期而大感放心。有時會因為一天的誤差，而導致避孕失敗。這種方法對月經週期固定，而下一次的預定日相當明確者，最為有用。但是預定日往往會出差錯，譬如：一些精神上的變化、壓力或緊張，均會導致經期不順，甚至會有一週以上的差異。

荻野式的避孕法，常因不確定的放心而失敗。如果絕對不想懷孕者，更不要單獨使用此法。

# IUD的利用法

## ●何謂「IUD」?

IUD為 intra uterine device 的簡稱。如果直譯，即為「放進子宮內的器具」。

子宮內一旦放進異物，就不可能懷孕，這種原理，自古即被用來避孕。據說古時候，為了不讓母駱駝懷孕，便在其子宮內放進小石子。其原理與今日避孕法相同，均是在子宮內放置異物，使受精卵不易著床。

利用異物在子宮內，來避免受孕，就是IUD(子宮環)的原理。

子宮環又可分為塑膠製品，和其他的化學製品。形狀分為五種：太田型、優生型、樂普型、FD—I型，及安全型。

## ●IUD的使用法

先至婦產科做一般性的檢查，確定子宮沒有疾病後，才決定子宮環大小，請醫生直接放進子宮內。

插入體內的最佳時機，一般認為是從月經的頭一天算起十天內，及月經即將結束的前後最好。因為這段時間內，子宮內壁較厚，不容易受傷，而且出血量已經不多了。

放入子宮環，在第一次月經過後、要讓醫生檢查一下，如果檢查結果良好，就可以半年檢查一次。要確定子宮環正確地存在子宮內，大約一至三年，得重新更換一次。

將子宮環放入體內，月經量會略微增加，有時生理期會拖延數日，分泌物也會有所增加，或非生理期間，會有微量的出血。但這些症狀均會自然地消失，如果情況太嚴重即表示不適合自己的體質，應馬上與醫生商量，更換別的種類。

## ●適合與不適合IUD的情況

如果體質合適，IUD應是非常方便的避孕器具。以此進行性行為時，用不著另做避孕措施，是一種既直接，效果高達百分之百的避孕法。同時不會產生異物拘束感，可盡情享受性樂趣。

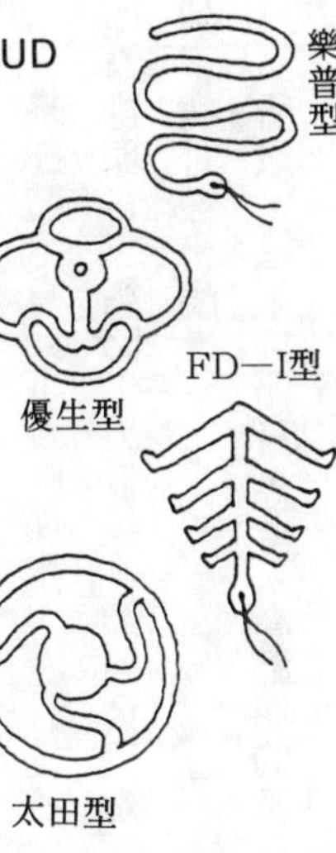


　但某些人的子宮會排斥ＩＵＤ，一旦放入很快地會再排出。所以某些人雖然使用ＩＵＤ，也會受孕，這種人約占百分之二或三，這是不適合使用ＩＵＤ的例子。所以使用後得確實進行檢查。

　ＩＵＤ對有生產經驗的人而言較容易使用，因為她們的子宮口較柔軟，容易放進子宮環。對於性器官有發炎症狀，或子宮有疾病者而言，是不能採用ＩＵＤ避孕法。

# 基礎體溫測量法

## ●利用基礎體溫表，就可知道生理日

清晨醒來，身體尚未從事任何活動前之體溫，即為「基礎體溫」。每天早晨，相同的時刻測量體溫，然後記錄下來，即為基礎體溫表。由此圖表可看得出自己的高、低溫期，然後依照這個身體的自然週期，推算出排卵日，在排卵日的前後，避免進行性行為，是基礎體溫避孕法。

基礎體溫有如下頁圖顯示，在月經後，會持續幾天的低溫期，然後有更低溫的情形，此即為排卵日，約略二天以後，體溫會突然上升至高溫期，高溫持續兩週，體溫會再下降，直到下次月經來臨。

所以，過了排卵日，進入高溫期的第三天，至月經來到為止，即是安全期。

（基礎體溫表）

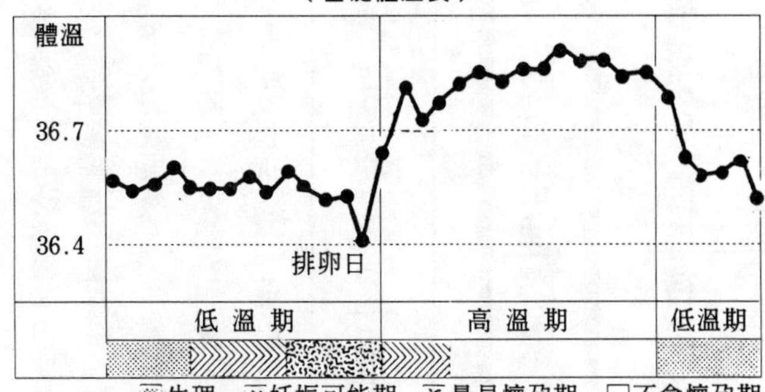


（基礎體溫的變化）

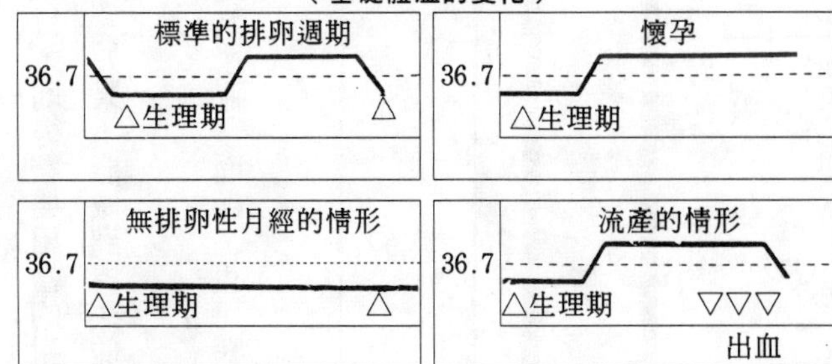


## ●基礎體溫測量法

正因基礎體溫會產生微妙的變化，故未能用普通的溫度計測量。在藥房也有出售度數容易觀看的婦女體溫計，可用來測量基礎體溫，

把這種體溫計置於枕頭邊，每天清晨，一覺醒來伸手可及之處。以體溫計置於舌下五分鐘，體溫刻度出現以後馬上記下。通常婦女體溫計，會附送基礎體溫圖表，應善加利用。

通常測量基礎體溫，最初與

致盎然均會按時記錄，但要長久實行，則得需要相當的耐心。有時會忘記，或因為感冒、熬夜，都會讓基礎體溫有微妙的異常。如果不能做到持久並有規則的記錄，基礎體溫法便不會有多大的效果。

同時，基礎體溫測量，不僅是為了避孕而做，也可藉以了解自己身體的變化和週期，這一點對女性而言是相當重要的事。

## 有關人工流產

### 沒有生理現象

**●首先，得等待二週**

每個月一次的生理期，常令女性埋怨心煩；但是，如果生理期未來臨，或延期來臨，更讓人擔心憂慮。是否懷孕了？或是身體出了什麼毛病？種種的不安疑慮湧上心頭。

這時當務之急就是取出醫學書籍，急切地翻閱有關妊娠的部份，如果是在絕對不能懷孕的情況下，這種等待就更教人憂心如焚了。

其實再多的憂心也於事無補，就先按下性子，先等待兩週看看吧！

因為生理常為了一些精神上的打擊和壓力，而延後數日；而且是否真的懷孕，也得由最後一次生理期的第一天算起，第六週才能知曉。

## ●切勿慌亂

如果靜待兩週，仍未有生理來臨，就得至婦產科接受檢查。妊娠時，以二十八天為一個月來計算，從最後一次生理期的第一天算起，二十八天為第一個月。

如果沒有生理現象，且能看得出已經懷孕了，這時已進入妊娠第二個月的第三週了。所以只要稍微的猶豫，便很快地進入妊娠第三個月，這一點須多加小心。

如果在絕對不能懷孕生子的情況下，想要做人工流產手術，就得在第三個月的末期以前下定決心，因為四個月以上，要施行人工流產手術，危險性較大，若七個月以上，可就於法不容了。

當生理延遲兩週未至，就得冷靜的考慮，假使果真懷孕時，應採取那種措施？

## 何謂人工流產？

### ●簡單地說，就是墮胎

胎兒於子宮內受胎著床開始，便準備著各項生命律動所需的活力。

胎兒的成長，第一個月時只有一公分，第二個月三公分，第三個月九公分，至第四個月已有十八公分。而且三個月時，已略呈人形，也有內臟，手與腳亦會輕微的活動，甚至得以區分出男女性別。至於胎兒在母體中，是受到羊水的保護，安然地成長著。

所謂人工流產，就是以器具，把安詳的小胎兒取出來，可憐的小生命在成長的中途，就被剝奪了生存的權利，這不僅僅是關乎道德問題，傷心將是女性最自然的反應。快樂的性行為，如果導致這種不幸的結果，將會是一大遺憾，所以仍不想懷孕的女性，安全的避孕得確

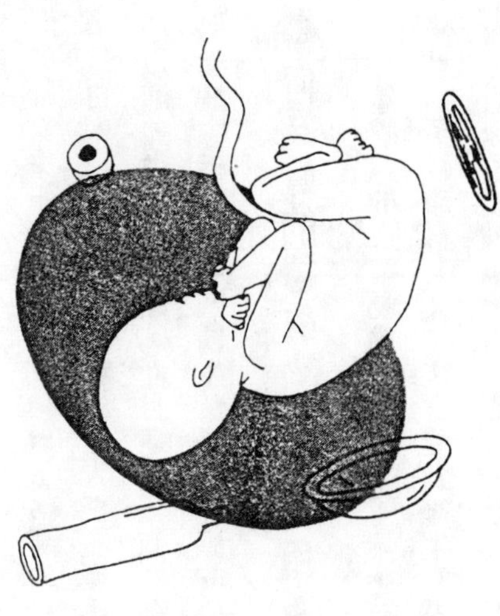

為了墮胎，傷心難過是女性自然的心情。

實做到。

## ●人工流產手術，是以手暗中摸索的工作

人工流產手術，和其他手術不同，是在一種無法以眼睛觀察的情況下，進行的手術。手術的方法，是以器具來擴大子宮口，以手在暗中摸索，取出未成形的胎兒，最後將殘遺的部份完全刮出來。完全依靠手的熟練程度，而進行的手術，由此可知人工流產是多麼不簡單。醫生手指的感覺和熟練的直覺，是唯一的憑藉，如果不幸傷了子宮內壁，就是難以彌補的遺憾了，所以審慎地選擇值得信賴的醫生，是十分重要的事。

此外，另有吸取法，但無論是那種方法，如果是技巧拙劣的醫生，危險性都很高。

那麽，應該如何挑選合適的醫院呢？

# 優良醫院的選擇

## ●選擇優生保護法中，指定的專門醫生

從來未上過婦產科的年輕人，會草率地認為每所醫院都差不多，事實上並不然。日本已通過優生保護法，人工流產手術得按照法規來進行。依照此法，醫生應在人工流產以前先做檢查判斷，而且還要報備，絕不是普通婦產科，那種隨便的手術。所以選擇優生保護法中指定的專門醫生，是最起碼的條件。

## ●何為好的醫生？手術費用多少？

年輕人的心容易衝動，種下了不該有的結果後，只好採取不得已的方法——人工流產，一旦到了婦產科，又往往會受到醫生的遊說而無法冷靜的判斷。人工流產並非一種簡單的手術，所以需要經過檢查和幾天的等待。某些資格有問題的醫生，會勸患者馬上動手術，這種

情況下，應斷然拒絕，轉身回家。

一位資格老，經驗豐富的醫生，會先詢問患者動手術的原因；並告訴患者今後應避免再做同樣的手術。然後作全身檢查，才決定那一天動手術。

至於費用，按照地區略有不同。大致上來說，妊娠三個月以內，費用較低；如果在三個月以上，因手術過程較困難，且危險性較大，所以費用也較高。當然這種人工流產手術，是不能申請保險給付的。

## 手術前的心理準備

### ❸要調整工作計劃

最先想到的問題是，需要幾天的工夫來進行手術？尤其對職業婦女而言，這更是切身的問題。

人工流產，不能公開地請假，所以常常有些女性剛動過手術就勉強地去上班。

手術後，最起碼應有三天的休息，如果情況允許，一週的休養最為恰當。事實上，能休息這麼多天的人，究竟少數，至少三天絕對安靜的休息是必要的。有些人過於好強，隔一天就開始活動，這種不智之舉，往往會帶來嚴重的後遺症，假使導致不孕症，那可就後悔莫及了。

重視自己的身體，以長遠的眼光，來衡量目前微不足道的犧牲，就會安心地休養生息了。

## ●健康和飲食的注意要項

進行手術，身體應維持著絕佳的狀態。如果臨時患得感冒或下痢等疾病，便得馬上取消手術計劃。因為在身體狀況不佳時接受手術，在麻醉的過程中，容易引起休克，而致死亡。

手術前，應先告訴醫生，自己過去曾罹患那些疾病，目前健康狀況為何？體質是否特殊？即使是一點點的不舒服也要讓醫生知道，再由醫生做判斷，是否能接受手術。

同時，手術的前一天應入浴，讓身體保持清潔，在手術過後的一個星期間，將不能入浴。另外，手術的前一天晚上，十點以後就不要進食，因為在手術過程中，可能會把胃中的殘餘物嘔吐出來，引起窒息。

## ●住院期間，應攜帶的隨身用品和服裝

應穿著更換方便的上衣(前開襟的毛絨衣或襯衫)，和裙子為宜，盡量不著長褲或緊身窄裙，多選穿寬鬆的服裝。

另外有幾點得特別注意：不可戴上隱形眼鏡，不可化妝，也不能塗上指甲油。因為麻醉時，醫生要觀察患者的臉色、嘴唇、指甲的顏色，來判斷患者的情形。如果塗上粉底、口紅或指甲油，均會妨礙醫生的工作。

## ●填寫人工流產手術同意書

填寫「人工流產手術同意書」，也是必要的一道手續。這份文件，簡單地寫著「同意按照優生保護法，接受人工流產手術」，並且在文件上，需要蓋上自已和胎兒父親的圖章和簽名。

經常有人在文件上簽上假名，假地址，這種作法十分要不得，常會帶來許多不必要的麻煩。譬如：手術中，發生了緊急事故，而沒有正確的地址，以便連絡有關親友，而遺憾不已

。躲避的行為是不負責任的，對既成的結果，應由男女雙方坦然地面對才是。

## 所謂「人工流產手術」

### ●方　法

先做健康狀態檢查，量血壓、體重。然後脫掉內衣，躺上手術檯，打開雙腳，把腳固定在腳台上，消毒外陰部和陰道，再做全身的痲醉。痲醉藥生效後，才插進打開陰道口的器具，接著把子宮頸管擴張器，放入子宮入口，逐漸拉開子宮口，至完全打開為止。最後使用吸取器或剪刀形的鉗子，將子宮中的胎兒和胎盤，夾住拉出來。再用刮匙刮出剩下的內容物後，即告完成。

以上即為懷孕三個月以內的人工流產手術過程。如果懷孕達四個月以上，手術方法就得採取，與生產相近似的方式。

先以一天的時間，擴大子宮頸管，注射陣痛誘發劑，經過一天以上的陣痛期，就如同生產一般，得使勁地讓胎兒出來。只是這麼多的痛苦和忍耐，換來的卻是個尚未成形的胎兒而已。已經四個月的孕婦，才做人工流產手術，對母體而言，身心均得受到嚴重的煎熬。

## ●手術是否具有危險性？

正如前述，手術是以手暗中摸索進行，所以無法保證一定安然無恙。有時會有器具穿破子宮內壁的情形，即為子宮穿孔，會引起大量出血，而有性命之憂。

同時，沒有生產經驗的女性，通常子宮口只能打開至火柴頭左右的大小。而手術時，則需要把子宮口擴大到二・五公分的程度。勉強地打開子宮口，難免導致子宮口裂開而出血，如果受到細菌感染，則會引起發炎。

二十歲以下的年輕少女，做人工流產手術是相當危險的，其原因正在於此。總之，將最初的妊娠，做成人工流產，對身體而言是莫大的傷害。

# 手術後，需要絕對的安靜休息

## ●會導致終生遺憾的原因

人工流產手術，是一項看不到傷口的手術，某些人自以為強健過人，而和平時一樣地活動，或許一時間不會有何痛苦或不適，但難保不會留下後遺症。

手術後，馬上起身活動，傷口便不容易癒合。雖然子宮口的傷痕無法親眼所見，但靜養是絕對必要的。手術過後，最好一天，至少半天，留在醫院裡觀察，並保持安靜狀態。切記，絕對不可步行回家，即使路程不遠，也要坐車，以保安全。

手術後勉強的勞動，是留下後遺症的最大原因，記住，三天的保持安靜，和一週的靜養是最佳的康復法。

## ●人工流產後的性行為，飲食和入浴

手術後三天內應保持絕對的安靜。以一週充分的休息，是康復最好方法。二週內禁行性行為，後來的兩週也要絕對的小心。

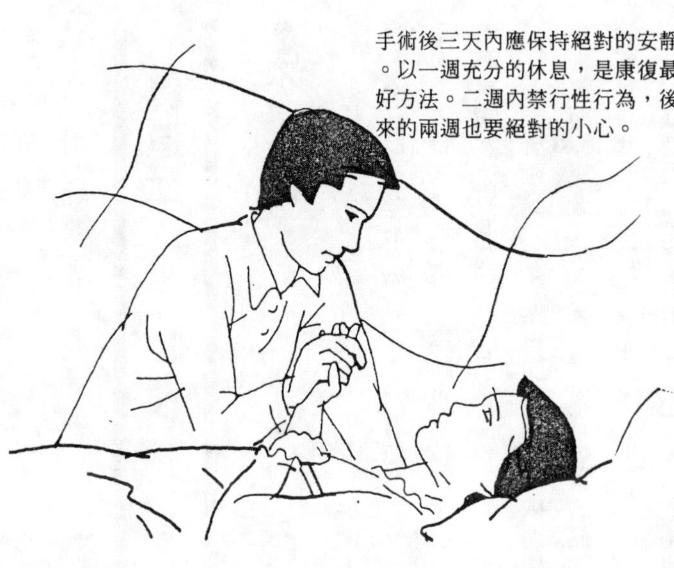

手術後，二週內應避免性行為，再來的兩週也要絕對小心。有人相信，人工流產後，不會馬上懷孕，這種毫無根據的說法，還是不要輕易相信。事實上，手術過後排卵日會變得不規則，反而隨時有懷孕的可能。如果人工流產後，不到一個月的時間又懷孕，那就真的是嚴重的問題了。為了避免這種致命的情況發生，手術過後應確實地避孕。

相對之下，飲食的限制要比性行為寬鬆多了。只要攝取足夠且均衡的營養，不喝酒、不吃過分刺激的食物即可。

入浴應暫停一週。手術後第四天和第七天，應赴醫院接受檢查。到了第七天，得到醫生的准許後，方可入浴。如果在傷口尚未癒合時就入浴，對身體是一種侵害。

## 後遺症

### ●不孕症……

如果毫不在意地施行幾次人工流產手術，勉強地擴大子宮口，最後會造成子宮頸管無力症，子宮口會鬆弛，而無彈性。這種情形下，即使是懷孕了，也容易流產。大體上就流產機率而言，有一次人工流產經驗者，較完全沒有者，流產的可能性約為二倍；如果有二次人工流產經驗者，可就高達七倍了。

人工流產後，會突然出血，如果未依醫生指示，保持安靜，且按時服藥者，傷口容易感染細菌而發炎。在手術後，如果有發燒的症狀，就有感染的可能，應讓醫生檢查。也有因為輸卵管阻塞而變得狹窄或遇合，而導致不孕的情形，其次亦有子宮外孕的例子。

經常動人工流產手術，及手術後馬上開始勞動者，有相當大的機率，導致不孕之症。

## ●精神上的重大衝擊

沒有人會毫不在意地接受人工流產手術，而不會在精神上留下任何打擊。如果真有這種人，其人格和責任心就得重新評估才行。

思及自己孕育出來的小生命，就將斷送在自己的決定下，無限的傷心和抱歉充斥心中，事後更會耿耿於懷，難以心安。

這種精神上的打擊，不是短時間能夠消彌的，有時會變成對性行為的不安和恐怖感，及對男性的不能信任。如果是一位責任感較重的女性，更會深覺受到挫折，而失去自信心。身體上的傷口容易痊癒，但是一旦精神上受到打擊，就永難彌補了。

## ●手術後的康復法

某些人在接受人工流產手術後，以往開朗活潑的性格，突然變成消極沈默。這種深深的內疚，表示這個人有很強的責任心和自我意識。但千萬不要為了這種挫折而消沈垂喪，應面對現實，下決心不再犯錯，以這種想法來克服心理障礙。對性行為應擁有自己的意志力，不可因為對方有所要求，便在草率避孕的方式下行房事。最好和男性研究商量，適合雙方的避孕法。

人工流產手術是一種難過的經驗，如果非要動這種手術，也只有面對現實了，就把它當成成長過程中，一個非常態的考驗吧！

## 人工流產的問與答

### ◆人工流產最多可做幾次？

問：人工流產手術最多可做幾次？

答：人工流產手術，每做一回都有其危險性，所以不能保證幾回以下安全；幾回以上則危險。

有人雖然只做了一次人工流產手術，卻也變成不孕症。只是隨著次數的增加，危險性便會相對的提高。不僅容易變成早產，流產及不孕症，對母體而言，也有相當程度的迫害，嚴重者則會引發死亡。

## ◆如何向對方啟齒，已經懷孕這件事實？

問：我實在提不起勇氣告訴他，我已經懷孕了。我怕因此，破壞我倆之間的關係。

答：懷孕並非只是單方面的問題，應是雙方坦然地面對才是。一旦發現懷孕，彼此商量對策，才是負責任的行為，應該不致於因此破壞目前的親密關係。如果對方因此而有怨言或採取疏遠的態度。表示這種不是建立在互信互愛基礎上的關係，無法承受任何考驗，倒不如早日結束的好。

## ◆不想讓任何人知道曾動過人工流產手術

問：應如何做，才能不讓家人和親友知道，曾動過人工流產手術？

答：要隱瞞家人，就會顯得勉強，且容易傷害身體。在家裡，就得如常地活動，這時候最好的方法是，暫時借住男友處；或告訴家人，自己因為生理痛遽烈，需要保持安靜和休息。如果經濟能力許可者，也可以出外旅行為藉口，住院二、三天。但是無論你採取那種對策，最好還是和一、二位值得信賴的親友商量為宜。

## ◇人工流產的由來

以人為方式讓母體流產，自古以來屢見不鮮。古代也有專門替人墮胎者，在未加以麻醉的情形下，可想見母體將會承受多麼可怕的折磨。

如果沒有經濟能力做這種手術者，大多會採取其他的墮胎方式，譬如：由高處往下跳、泡在冷水中，或在腹部上施加相當大的重力，各種既原始又不科學的方式，對母體而言威脅頗大。

在這種不自然的墮胎的過程中，因大量出血而導致死亡的可能性相當高。

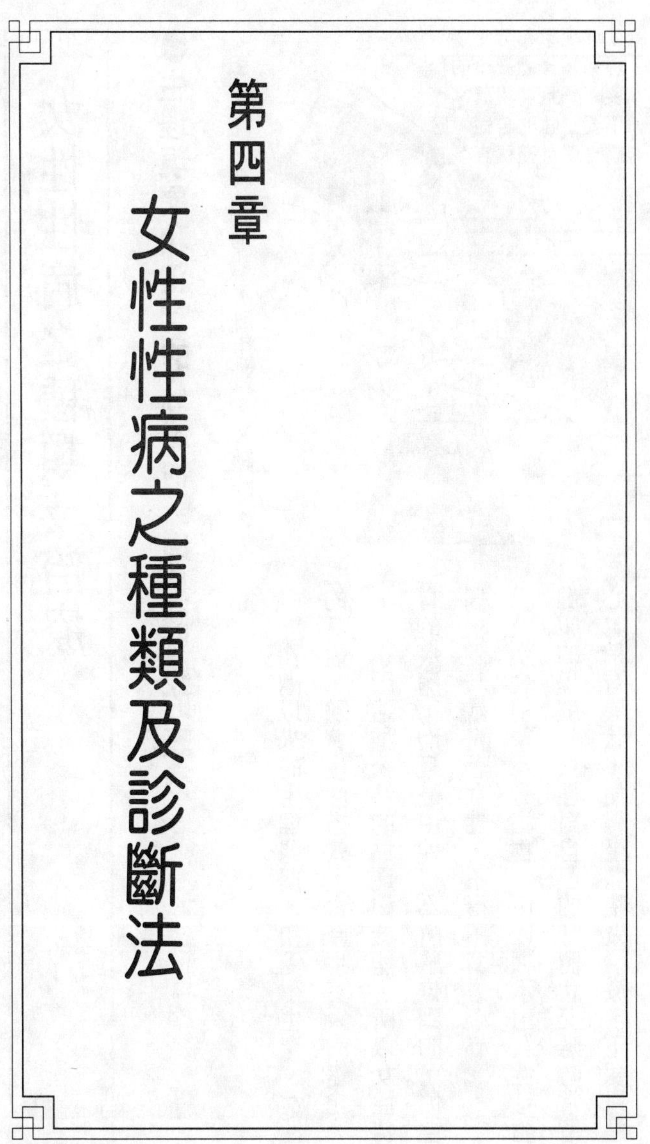

# 第四章 女性性病之種類及診斷法

# 女性性病之種類及治療

## ●生理現象和正常的分泌物，均是健康的表徵

女性的身體構造，既複雜、又微妙。

生理現象和分泌物，可顯示身體健康的程度。一旦發現異常，不要一味的苦惱，應該立即赴醫檢查。

初潮以來的生理週期，和受孕生產，女性的身體，隨著生活方式，會產生莫大的變化。

正因這種獨特的構造和機能，所以女性特有的疾病，而且是由性行為所感染到的可怕性病，隨時威脅著女性，不得不多方小心。

生理現象及分泌物，可以顯示出女性身體健康的程度。女性對自己的身體狀況應時常留心，稍有異狀，便得至醫院做治療，不要只是

煩惱遲疑，這種於事無補的態度，只怕會帶來更嚴重的後果。身體是唯一的，不要害怕疾病，面對現實才是解決之道。

## 依照症狀來判斷病名

### ①生理週期發生異常

首先是生理現象遲遲不來，第一個浮現腦際的想法是——懷孕了嗎？但是如果你自認為絕無懷孕的可能，那就與青春期荷爾蒙之平衡與否有著相當的關聯了。這種情形下，患者千萬不要只是心急等待，儘快與醫生商量對策為宜。

除此以外，精神受到打擊或壓力，生理現象也常會停止，這時只有力求恢復精神的平靜，紓解壓力，讓身心保持輕鬆愉快，生理週期自會恢復正常。

因減肥而節食者，也常發生無月經症，情況嚴重者，甚至會變成荷爾蒙分泌異常，而造成不孕症，所以任何行事，均應適可而止。

每個月的生理週期不定，或是生理期太短，只有一至二天，此均為生理不順。生理週期因人而異，二十一天至三十五天，均為正常週期。但是月經量太少，則有可能是無排卵現象，所以生理不順者，應每天測量基礎體溫，以明瞭身體的週期。另外，也有無法止血的現象，這點將在「不正常出血」那部份討論說明，因為這與子宮的疾病有所關聯。

但是青春期，生理週期尚未固定，所以生理不順可能只是體內荷爾蒙不平衡所致。

## ②不正常出血

所謂不正常出血，即為生理期以外的出血，或是生理期中出血量過多，而無法止血等，異常出血。

生理期出血量過多，而不易止血，這種症狀，較少發生在年輕人身上。通常表示患有子宮肌瘤、或出血性的子宮息肉等疾病的可能性頗高。

兩次生理期間若有出血的情形，如果是生理週期完全正常者，又正好在兩次生理期的中間日出血，即可能是中間期出血，屬於排卵期出血，不用過分擔心。

性交後亦有出血的可能，如果是處女或是經驗不多者，這是一種正常情形，不必掛心。

除此以外者，則要特別當心了，因為瘜肉、頸管炎、子宮糜爛等情形和子宮頸癌，均會導致性交後出血。

體內分泌物，若有帶血的情形，即使是極微量，也有感染滴蟲陰道炎，或子宮糜爛的可能。

懷孕時，若有出血的情形，可能為子宮外受孕，或為流產的徵兆，應馬上赴醫治療。萬一自己並不知道已經懷孕，而認為少量出血無所謂，那麼極可能造成難以挽回的後果。不正常的出血，是身體自然反應的警示燈，放下任何事情，為身體做一番詳細的檢查是必要的。

## ③分泌物過多

分泌物，是子宮、陰道所產生的排除物，剝落的細胞之總稱，亦可稱為「白帶」。

分泌物本身是種正常的現象，健康的女性亦有正常的分泌物。因為女性之內性器為粘膜覆蓋，從粘膜處經常會分泌粘液，至於陰道內的分泌物，為防止細菌侵入，會常保弱酸性。

近年來，正在研究的一種避孕法，亦即利用含在自己分泌物中的頸管粘液，來判斷出排卵日。可知，出血和分泌物確實是女性身體所發出的訊息。

分泌物多或少，依個人的體質和感覺有所差異，不變的是，每個人均會有若干的分泌物。正常的分泌量，很難有個絕對的標準，但是只要沒有異味或變色——呈現白色的漿狀或霜狀，大概是不會有什麼問題。

如果一旦分泌物的顏色改變，且陰道發癢，就得懷疑自己是否感染疾病，要做這種判斷，就得對自己的分泌物情況有所了解才行。

譬如：含有小泡沫的淡黃綠色或白色的分泌物大量出現時，就有感染滴蟲陰道炎的可能，這種疾病，平時陰部會癢，性交時會痛，也會傳染給男性，所以男女雙方均應特別注意。

如果有嚴重的發癢，並有豆腐渣狀的分泌物時，可能為念珠菌所引起的陰道炎。

此外亦有陰道炎、陰道糜爛、頸管炎、瘜肉，外陰道炎、子宮頸炎（惡化時會有惡臭的分泌物）、淋病（淡黃綠色的分泌物、排尿時會痛）等之可能性。無論是那種情形，均為分泌物異常。其中有幾項，如果未立即治療便會衍成不孕症、或慢性病，到那種程度可就得長期治療了。

為了讓自己的身體有更強的抵抗力，盡量減少使用洗淨器的使用，因為洗淨器會破壞陰道的自淨作用，而導致妨菌能力減弱。

## ④因發癢而產生疱疹

女性的外性器，有複雜的褶痕的凹凸，且佈滿許多汗腺和分泌腺，所以經常有點潮溼。並且與肛門、尿道口接近，而提高了感染的機率。

如果有莫名其妙的陰道發癢，便會感到不安急躁，加上這種事又難與他人商量，只有自己暗中著急。這時就得多留意分泌物的情形，如果發現異常，很可能就是罹患滴蟲陰道炎，或念珠菌陰道炎，應馬上治療。

單純的發癢，有時只是外陰部搔癢症（過敏性）所致，或只是分泌物刺激外陰部，及出汗後，殘留在內褲上的清潔劑所引起的暫時性發癢。有時尼龍製的內褲，因較不通氣，也會引起發癢。如果無法自己辨明原因，只一味地擔心，是會造成神經衰弱的。

女性外性器因構造複雜，容易附著不淨異物，所以經常保持清潔是首要的。同時內褲和褲襪上的束帶，及緊身牛仔褲，對女性而言均是不好的裝備。

總之，保持潔淨和注意通氣性是絕對必須的。

假使會發癢，且在陰道四周有一粒粒的疱疹時，很多人會誤以為是暫時性的濕疹，但卻不容易痊癒，所以也得請醫生仔細檢查治療。有時陰道口側面會有腫痛的情形，即是 Bartholine 氏腺囊瘤的疾病。

這種疾病或許不會痛，但在外陰部的周圍會有一粒粒的疙瘩出現。這很可能是尖形濕疣，此非惡性疾病，所以不必太擔心，如果不放心可到醫院治療。

除此，梅毒和疱疹等疾病，均會導致陰部潰瘍或疣。正因為性病種類繁多，必須對它有所認識，才能加以預妨，並做適度的處理。

## ⑤腹痛

有腹部疼痛的情形，但非飲食不正常所引起的，這時就有染上婦科疾病之虞了。除此以外，腰痛、腹部膨脹也得小心，因為女性的重要內性器，全在腹腔中。

提及腹痛，印象最深刻者，莫過於生理痛。思春期的生理痛，主要是因為子宮尚未發育完全及荷爾蒙分泌不平衡所致。若是平時生理週期穩定，近來生理痛突然加遽，就有子宮內膜炎，或子宮肌瘤的可能，要多注意。

如果尚未有來潮，但每個月均會有一次的遽烈腹痛，極可能是「鎖陰」的現象。鎖陰，是性器中的某一部份阻塞所引起的。雖然有生理，但經血卻無法排出體外。不論是那種情形，生理不來或不順時，均得請示醫生。最近有個病例不斷增加——忘記取出塞入的棉球，而致使骨盆內發炎，據說曾有因此而死亡的例子，故千萬不可大意。

## ⑥排尿時會有刺痛的感覺

排尿時會感到刺痛，而且頻尿。在排尿後仍有殘尿感，此通常是膀胱炎。膀胱相當容易發炎，嚴重時會引發腎盂腎炎，而會發高燒或惡寒、發抖，變成慢性病症，這種病情下，做事難以專注，心情容易急躁。

膀胱炎以女性較易感染，因為外陰道接近肛門，大腸桿菌容易侵入，一旦尿道口有了大腸桿菌，但很容易漫延至膀胱，而導致膀胱炎。所以性行為的過程中，容易感染大腸桿菌，也有所謂的蜜月膀胱炎，是頻繁的性生活所造成的。

預防膀胱炎，首應保持清潔，而且不可將尿憋在腹中，在性行為的前後，一定要排尿。除此之外，大量的飲水經常排尿，也有將細菌沖出體外的作用。

## ⑦乳房產生硬塊

在乳房的某處發現硬塊，很多人會驚慌失措地以為是乳癌。乳癌初期不會有特別明顯的症狀，也不會痛，要即早發現，只能自我檢查了。

但乳房有硬塊卻不一定是癌症，其實乳腺症等單純的腫瘍之可能性較大，所以千萬別反應過度，盡快檢查，明瞭結果以求放心。

至於，乳房的自我檢查法，每個女性均要學習：

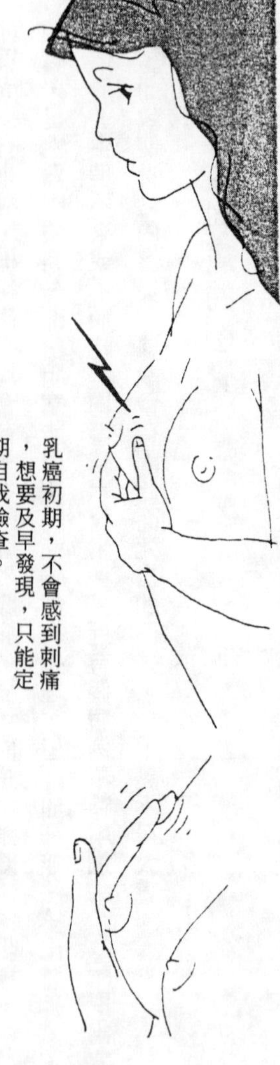

乳癌初期，不會感到刺痛，想要及早發現，只能定期自我檢查。

## （乳癌自我發現法）

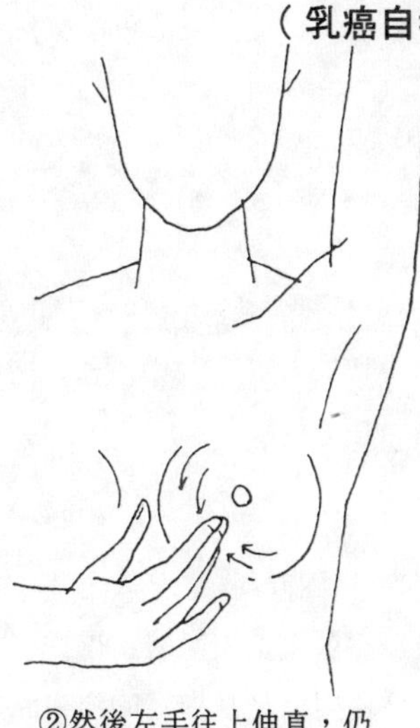

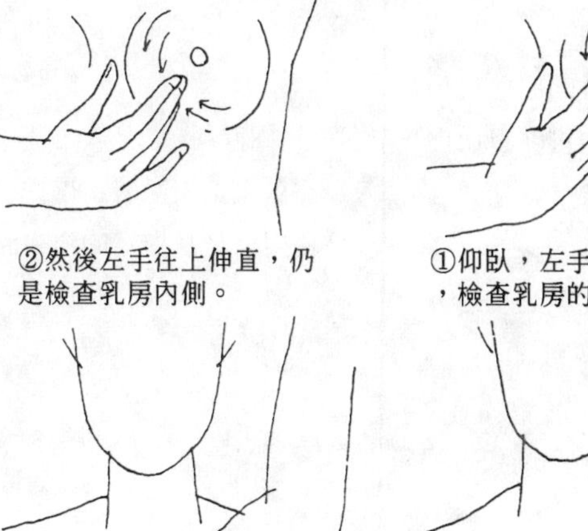

①仰臥，左手貼在身體側，檢查乳房的內側。

②然後左手往上伸直，仍是檢查乳房內側。

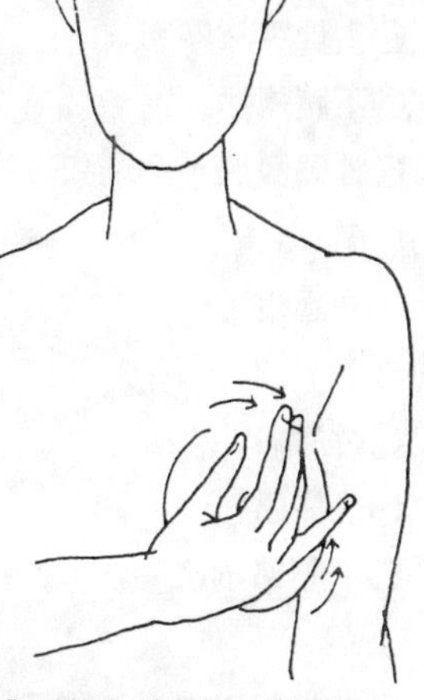

③再將左手收回，仍放在身旁，以此姿勢，檢查乳房外側。

④再度舉高左手，檢查乳房外側。左邊的乳房檢查完成後，以同樣的方法，檢查右邊的乳房。

# 選擇適合的醫生

## 女性篇

|  |  |
| --- | --- |
| ○分泌物異常<br>量增加、惡臭、顏色改變<br>○生理不順、初潮來得很晚<br>○不正常出血<br>生理期以外的出血；但是，中間期的排卵日出血，則不用擔心。<br>○月經困難症<br>生理痛的症狀嚴重者。<br>○生理突然停<br>○下腹痛<br>○性器發癢、糜爛和有刺痛感<br>○冷虛症 | → 婦產科<br>需做人工流產時，得找優生保護法指定的醫生。 |
| ○排尿痛<br>○殘尿感<br>○下腹部不適 | → 婦產科<br>泌尿科 |
| ○外性器異常、形狀不同<br>陰核包皮、小陰唇、恥毛異常 | → 婦產科醫生、整形外科醫生、性行為顧問醫生 |

按照症狀，

|  |  |
|---|---|
| ○乳腺異常<br>硬塊、痛、乳頭糜爛或陷沒等。 | → 外科、婦產科 |
| ○性生活不協調、不一致、冷感症、疼痛<br>其他的不滿或煩惱 | → 一般婦產科<br>最好兼性行為顧問醫生 |

**男性篇**

|  |  |
|---|---|
| ○排尿痛、性器（陰莖）腫脹<br>○膿汁的分泌<br>○陰莖的皮膚或其他的疾病<br>○陰囊、睪丸異常<br>○性器的發育障礙<br>○恥毛異常 | → 泌尿科醫生<br>性行為顧問醫生 |
| ○性器異常<br>包皮、陰莖變形、畸形、睪丸缺陷、男性不孕症（結紮）。 | → 泌尿科<br>整形外科<br>性行為顧問醫生 |
| ○早洩、陽萎、其他性生活上的問題 | → 性行為顧問醫生 |

•生理結束後才做檢查。（因為生理期間，乳房稍微膨脹，即使有硬塊也不易發覺。）

•檢查時，應以指腹來觸壓，而非指尖。

## 青春期、更年期易產生的疾病

### ●均是生理機能的轉變期

青春期，睪丸和卵巢的荷爾蒙分泌，會突然活潑起來；而更年期恰巧相反，那是因為到了更年期，一切的活動會降低之故。但這兩個生理機能轉變期，有一個共同的特點——體內內分泌荷爾蒙失衡所致。

內分泌荷爾蒙，是和內臟機能、及對保持身體健康有重要性的自律神經，有密切關係。其與腦部的感情動態合為一體，互相影響發生作用。

所以青春期或更年期，均會在一短期間，身體內部的生理機能混亂，突然活躍或衰微。轉變期結束，青春期的少年男女完全步入成年以前；更年期則在閉經後，安定機能在保持平衡以前，身心均容易產生異常，在此非常時期，得多加注意。

青春期，身體機能正要大放異彩之際，年輕的身體，有著充足的體力，雖為轉變期，身體的一切機能只會強化。但身體上的均衡仍會有一時間的混亂，生命力也會衰微，所以仍有一些疾病，最容易在這段轉變期中發生。

面皰或許算不上是疾病，因為它幾乎是青春的表徵，但它的出現卻會在精神上造成壓力，在感情起伏激烈的年輕人心中，有不安和躁鬱的傾向，甚至有變成精神性神經症之慮。除此身體也會出現某些症狀，如：生理痛（月經困難症）、陰道炎和外陰部生尖形濕疣。另外，膀胱炎和貧血症者也相當多。

更年期則與青春期相反，只朝向老化衰頹之途邁進。在年齡上來看，身體的機能已漸衰微，所以各種對生命和健康有直接影響的疾病，隨時均有出現的可能。漸趨老化的身體，對疾病的抵抗力大不如前，生命力也在快速弱化中，只有儘量節制和研究養生之道，來控制老化的程度。精神上，因為難以面對衰老的事實，心情容易抑鬱，失去往常的活力，變得暴躁易怒。

也許做健康檢查時，身體上並沒有任何異常，但大多數的人會自己感覺到，自律神經失調等情況。

所謂成年症，即為中年以後容易罹患之病，在這個時期發病，並惡化的例子不少。以往的歲月承受過多的重負，潛伏的病因，乘此身體衰頹混亂之際，一下子顯現出來，突然間似乎全身都不舒服，這種感覺，除了若干程度的心理因素外，實際上身體機能衰頹是給疾病乘虛而入的最佳時機。這種身體的轉變期，至五十歲中期以後，因身心逐漸適應，身體機能也會逐漸地安定下來。

所以，因應著身體的自然變化而享受人生，隨時注意心理的調整，並定期接受健康檢查。保持開朗的心情，過著充滿鬥志、希望的生活，以運動來緩和機能老化的速度，即能巧妙地渡過這段不安定期，讓自己擁有一段健全美好的轉變期。

適當的性生活，亦可調劑這種情緒性的轉變。夫妻間開誠佈公地討論研究，便能體會出有別於年輕熱情時的性樂趣。

# 性病種類及預防的方法

## ●性病乃經由性接觸而感染

一位剛自海外旅遊歸來的女大學生，心裡留下了愉快的回憶，但卻隱約覺得身體似乎有點異常，於是赴醫檢查，診斷的結果竟然得了淋病。

這如晴天霹靂的消息，使她陷入了難堪的情境。她想或許是旅途中，那次性行為中感染的。幸好這位小姐，自我發現得早，用不著長期治療即能痊癒，但是在無法告知父母、親友的情況下，獨嘗苦果，心中之苦自是難以形容。

性病，是藉由性接觸而感染的疾病。

性病之可怕，在於會傳染給他人。性行為以前，若對方是性病的患者，但卻未言明在先，那後果可就不堪設想了。而且通常感染性病的患者，都會因不好意思而延誤了醫治的時機，結果情況只有更加嚴重而已。

近年來性病有不斷增加的趨勢，其原因在於性生活的開放，且與海外來往較為頻繁之故。同時因為抗生素的濫用，性病也有某種程度的抗藥性，使得治療更加麻煩。隨時注意自己的身體，不要過於自恃，因為常常有人因疏忽而不知道自己已經患了性病，等到發現時，情形均相當嚴重。

性病的種類，最常見的有：梅毒、淋病、軟性下疳、第四性病、第五性病等五種。其中梅毒與淋病最為常見。

## ①梅毒的症狀與治療法

梅毒在性病中是最可怕的一種。

梅毒是由螺旋體屬梅毒菌所感染的，它不僅經由性行為而來，口淫和親吻也會感染。如果患者未及早發覺，全身均會受到病原菌的侵害，甚至有死亡之虞。如果患者早已懷孕在先，亦會影響胎兒的發育。

感染梅毒以後，經過數週，患部會出現初期症狀——疣或潰瘍，但不會感到疼痛，也不會發癢。不久腳部的淋巴腺會腫脹，然後進入第二期，此時病菌蔓延至全身，有頭痛發燒的症狀，並且全身出疹，有些人甚至會有脫髮的現象。

到了這般程度，如果即時至醫院治療，使用盤尼西林，仍有痊癒的機會。但是如果患者仍是遲疑拖延，那麼以上的症狀均會消失，但不要高興得過早，因為這只是進入「潛伏期」，細菌仍存在著。

很快地，進入了第三期，梅毒病菌開始侵害心臟，血管、神經、骨骼等。

幸好，梅毒可由血液檢查中發現。如果患者要進行性行為，便得做定期的血液檢查才行。

## ②淋病的症狀和治療法

在美國，淋病的罹患率之高，僅次於感冒。而且淋病中，抗藥性強，相當不易治療的種類增加，所以自己應多方留心才行。

淋病亦是經由性接觸而來的，但就如同梅毒一般，以接吻和口淫而感染的機率亦大。

罹患淋病，男性在排尿時會痛，而女性則會有頻尿的現象，排尿時亦會有遽痛感，分泌物是呈黃綠色。但是因為淋病有三至十天的潛伏期，所以無法及早發覺。

如果患者太過大意而未發覺，淋菌便會引起子宮頸管炎、陰道炎、尿道炎、巴多林氏腺

有頻尿現象，且排尿有刺痛感，極可能是感染了性病

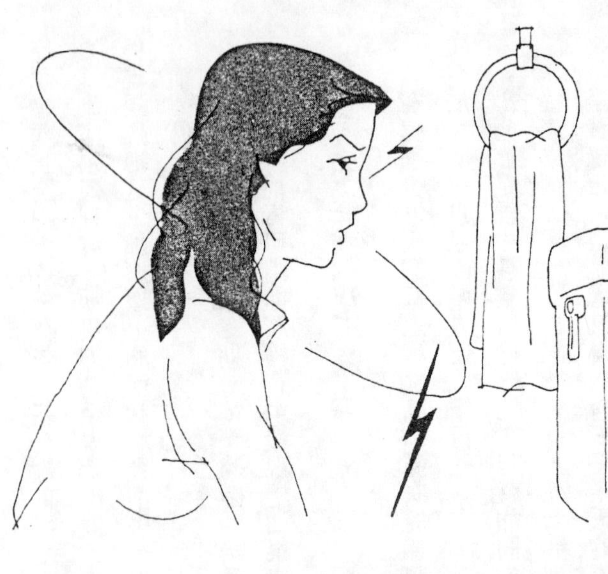

炎等炎症，有時也有子宮內膜、輸卵管內性器受到感染的例子，這種情況下若未及早治療，即有不孕症之可能，即使是受孕了，也會變成子宮外孕的現象。或許，輸卵管幸未受到傷害，但很可能帶給患者關節炎，至於孕婦，則可能會早產。這些因淋病而引發的不幸結果，為原本歡愉的性行為，蒙上一層陰影。

所以在性行為之前，應先確定對方是否為可靠的人，同時，如果能使用保險套，也能預防某一程度的感染機會。

假使，不幸染上了淋病，應該馬上就醫治療，因為這種會傳染的疾病，通常不是個人的問題而已。

## ③性病的預防法

性病常見者不外淋病、梅毒、軟性下疳和第四性病，再加上第五性病，則共有五種。這些均是經由皮膚和粘膜接觸而感染的。所以預防性病，最徹底的方式，不外乎是與患者隔離，不做任何接觸。但往往在性衝動下，會忽略這種可怕的後果，事後才懊悔莫及。

通常無法以肉眼看出對方是否患有性病，所以性交時，為了避免直接的接觸，可適度地使用保險套。完事後，將保險套取下，並局部清潔，以蓮蓬頭沖洗較佳。

但梅毒亦會從口和舌頭傳染，所以不要隨便與不可靠的人，或不熟悉的人做口對口的接觸為宜。

或許有人認為，性行為時為了預妨性病，可服用抗生素。但抗生素種類繁多，且許多淋病對某種抗生素，有著很強的抗藥性，反而會讓性病潛伏而成為慢性病，使得治療的過程更加痲煩，所以抗生素是不能任意服用的。

某些人以為在性交後，立即排尿，或塗上消毒藥膏亦可預防性病感染，但這種成果頗值得懷疑。

通常性病的病原體不喜歡乾燥的環境，所以有人擔心會由公車的扶手和門把中感染性病，其實這種憂慮是多餘的，一般情形下，這種感染機率微乎其微。

## ◇何為毛蝨？

頭蝨生存於頭髮中，而毛蝨則附於恥毛上，當恥毛中有著小小的，銀白色的卵，就得注意了。

毛蝨雖非性病，但會接觸傳染。不僅在性行為過程中，也可能經由對方覆蓋過的毛毯、床單中感染而來。

毛蝨以吸食人體內的血生存，因其吸血、患者會感到痛和癢。

治療法是在入浴前，先塗上毛蝨藥膏，然後以水沖淨，日復一日地做，假以時日即可治癒，但記住床單和毛毯也要徹底地消毒乾淨才行。

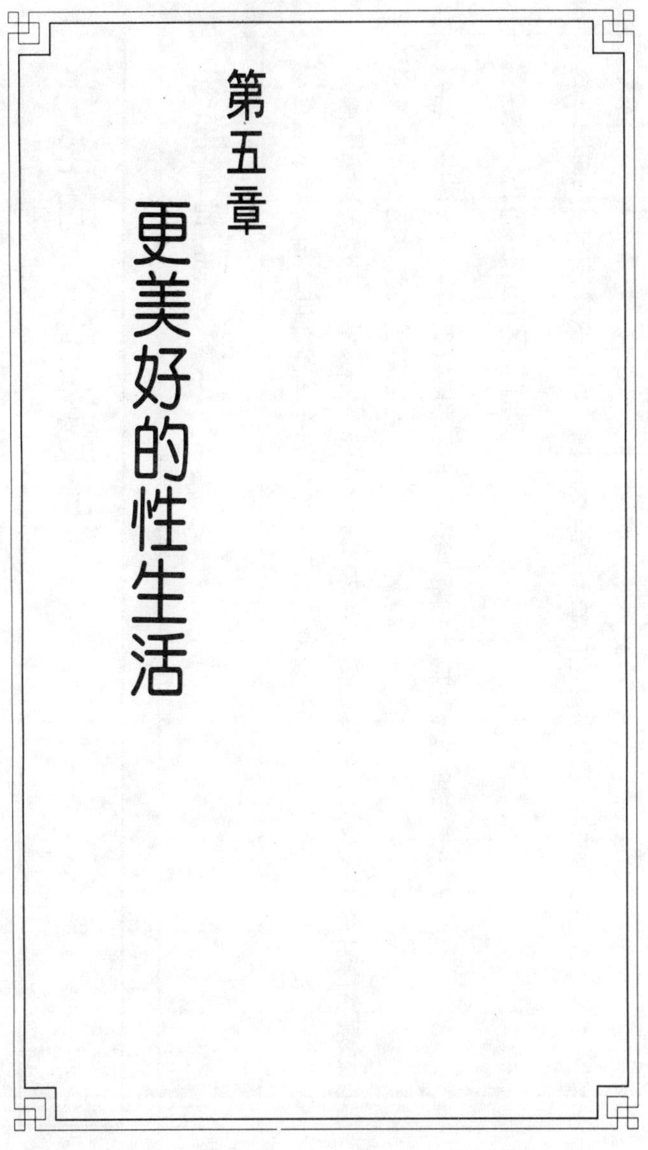

# 第五章　更美好的性生活

# 手淫的方法與體位

## 手淫有害嗎？

「單獨一個人進行性行為，不但淫穢，而且對身體不好。」

這是一般人的觀念。實際上，手淫並不至於如此值得羞赧；反之，它是女性知曉自己的快感帶，以及治療冷感症的捷徑呢！

手淫有害嗎？不，就跟性愛時性器受傷或變色一樣，一點兒也無大礙。

### ①藉鏡子觀察自己的性器

有人對自己的性器漠不關心。讓他看到，而自己卻從未目睹自己身體的此一部分，妳不覺得奇怪嗎？

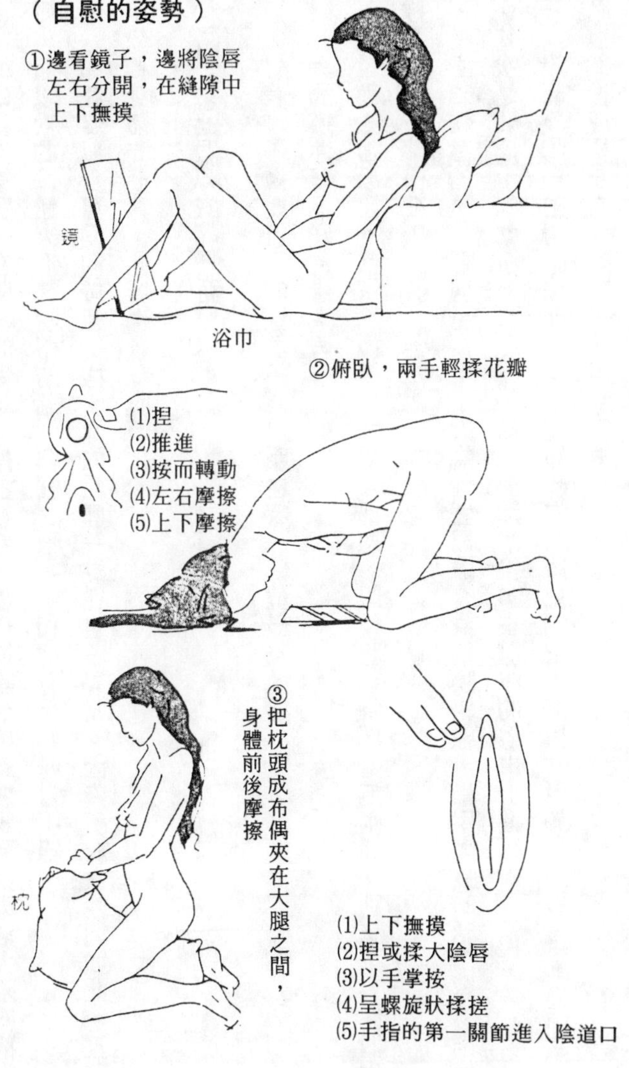
（自慰的姿勢）
①邊看鏡子，邊將陰唇左右分開，在縫隙中上下撫摸
鏡
浴巾
②俯臥，兩手輕揉花瓣
⑴捏
⑵推進
⑶按而轉動
⑷左右摩擦
⑸上下摩擦
③把枕頭成布偶夾在大腿之間，身體前後摩擦
枕
⑴上下撫摸
⑵捏或揉大陰唇
⑶以手掌按
⑷呈螺旋狀揉搓
⑸手指的第一關節進入陰道口

準備一面鏡子，在明亮的光線下仔細看看。最初或許會感到驚訝。如果把大陰唇稱為花瓣，而以愛的按鈕來形容陰蒂的話。稱呼之恰當，相信會令妳暗自叫絕！

和花瓣以及可愛的按鈕一樣，妳的性器一點兒也不異常。因為所有女性均如此，且隨著年齡和身體的發育，性器也會有所變化。

## ②以手指撫摸性器

對著鏡子撫摸自己的性器，便可明白哪一部位最為敏感。

「觸摸性器不好，會生病！」

常聽人這麼說。其實，撫摸性器絕非罪惡，跟摸臉或胸部毫無兩樣。別忘了，性器也是妳身體的一部份哩！

必須注意的是，要剪短指甲，因為性器周邊全為粘膜組織，指甲太長的話，容易刮傷它。其次是要把手洗乾淨。自慰時，最好於沐浴後，在潔淨的浴巾上進行。

步驟為①捏陰蒂②按而轉動③重複④左右摩擦⑤上下摩擦。至於陰道口，①以指腹上下摩擦②捏或揉左右大陰唇，③用手掌撫按等。

〈使用器具時的注意事項〉

女性性器充滿粘膜，極其脆弱，很容易誘發炎症。除了膀胱炎、陰道炎、外陰炎和子宮內膜炎以外，子宮糜爛的情況也不少。

手淫當然是無害的，但請務必洗淨雙手。會傷及外陰、陰道或子宮口的太硬、太大或表面不平滑的器具，切勿使用。並需避免粗暴的刺激。

## ③坦率的感覺

如果受成人小說或成人電影所描繪的誇張快感的影響，而自認為乃「冷感症者」的話，那就不好了。初嚐試時，或許會因緊張而較無快感，但相信至少能感覺到身體在發熱。

在內心漸趨輕鬆的同時，相信你便能體會到無以名狀的甜美瞬間。

## ④手淫的樂趣

「和他敦倫時，不一定能獲得快感，但自慰時則必能產生快感。」

這種女性為數不少。這說明了最瞭解性高潮狀態的，是自己本身，他或許會因不習慣，或粗魯地向妳進攻，使妳在恐懼、驚慌之餘而不能享受性愛的樂趣。這時，妳不妨根據自慰時所得知的快感情況，告訴他愛撫的技巧。

如果說「手淫是悲哀的」，那猶如還沒吃東西就說不喜歡吃。妳自己的快感帶唯有自己最清楚。

## 享受愛撫的樂趣

### ●當然的趨勢

在約會兩、三次之後，如果彼此傾慕，就會成為感情日益火熱的情人。然後彼此會產生撫摸對方身體的衝動，這是當然的趨勢。

約會時，妳與其穿長褲，不如穿裙子；穿緊裹住身體的外衣，不如套件有襟扣的寬大外套。為什麼呢？他的手指會告訴妳。

# 於屋外享受的愛撫

如果兩人獨處一室未能如願時，不妨到屋外進行。不過，為避免惹來他人異樣的眼光，即使愛撫的慾望強烈，還是收斂些為宜。

## ①在公園裡

兩人手牽著手散步時，如果他忽然停下腳步，一定是想擁抱妳。

在公園裡彼此愛撫時，應該避開他人的視線，並要留意到因為太熱中而忘了皮包或上衣。

〈愛的技巧〉

愛撫時，他的手會在妳的頭髮、胸部、腹部之間遊移。或是由背部、胸部、臀部，繞到下腹，他最後的目的只有一個，那就是撫摸妳的恥部。

妳有勇氣告訴他，希望他愛撫自己的哪一部位嗎？如果羞於啟齒，不妨把他的手拉到該部位，以行動替代言語的表達。

想撫摸它時，從衣服外面便可大膽進行。

## ②在街道上

手挽著手漫步時，也能彼此愛撫。但不要給周遭人們不檢點的印象。

〈愛的技巧〉

漫步時，妳的乳房可和他的手臂或側腹輕輕接觸。

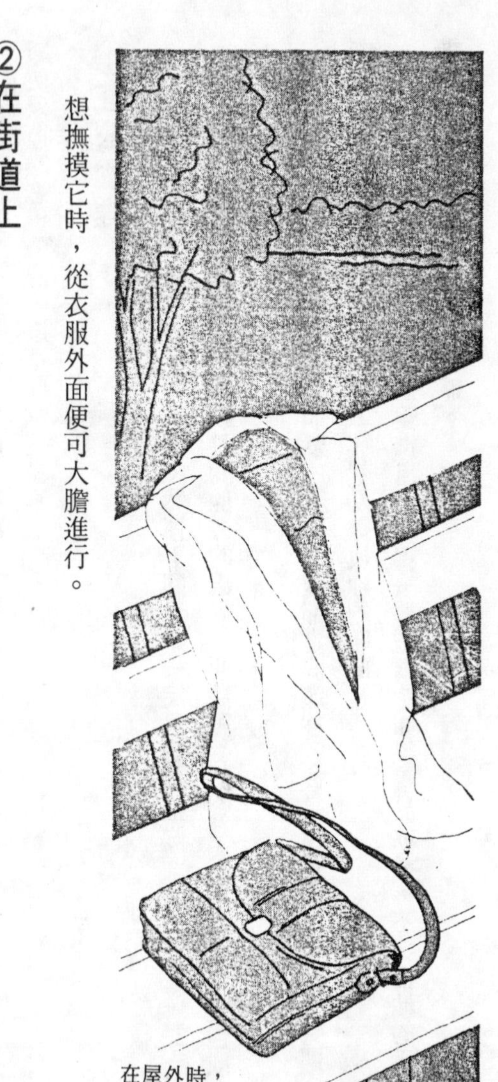

在屋外時，
別忘了上衣
和皮包

愛撫時不妨以上衣或身體掩飾，用手摸摸她的臀部或大腿內側均可。

## 在室內享受的愛撫

你儂我儂的親密行為中，如果缺乏性愛，似乎會令人感到意猶未盡。所以，在室內彼此愛撫時，或許能進入性愛的境界。如果妳不願意時，不妨率然地告訴他「不要！」「我看到他那麼熱誠，便不忍心拒絕。」

這是不對的。因為男性的性衝動一旦被引燃，便會一發不可收拾，所以，妳必須儘早明確地表明 yes 或 No。「我不知道該怎麼開口，為了不傷他的心，我實在不忍心說 No！」這種欲拒還迎的猶豫態度，反而會造成不愉快的氣氛。「今天只希望接受你的愛撫，想作愛時我會主動告訴你。」但願妳是這種態度積極的女性。

以性愛為前提的愛撫，當然必須在良好的氣氛中，大膽地進行。

## ①在車子裡

到郊外兜風時，車子一停，他的手或唇就會似雨點般向妳襲擊。由於空間較狹窄，他的攻擊大多會集中在妳的乳房、唇和妳的身體。在車內必須注意的是(a)車子行進時，要避免足以令他分心的行為（例如撫摸大腿內側，或接吻）。(b)在懸崖邊或公路旁，行為中要注意別踢到手煞車。(c)他的手髒時，別讓他觸摸性器。

車子行進時，要嚴禁足以令他分心的行為

〈愛的技巧〉

當妳被擁抱，乳房被愛撫時，必定會陶醉而無法自己。此刻，妳可能會很自然地把兩腿置於他的膝蓋上，要他愛撫妳的下半身。當他的手指伸入妳的內褲時，妳也必須有所回報。

第一次撫摸到它時，別用指甲刮傷了它，因為它亦極為脆弱。

## ②在室內

在妳的閨房，或他的臥室，乃至於賓館進行愛的遊戲，會令人更加興奮，不是嗎？當他開始褪去妳的衣衫時，別忘了冷靜地確定一下要把衣物擺在何處。為避免尷尬，最好把它們放置於不顯眼的地方。

**〈愛的技巧〉**

(a)以嘴唇或舌頭溫和地愛撫乳頭

乳房被愛撫、輕揉時，乳頭會逐漸脹大，也會因為充血而改變顏色。

一般男性對乳房似乎都擁有某種特殊的願望，所以極喜愛撫觸女性雪白的酥胸。有時會因為過於用力而令女性感到苦惱，這時，妳應該率然地告訴他：「輕一點！乳頭很敏感呢！」與其用力捏乳頭，不如輕揉或以唇、舌加以舔弄、愛撫較能產生快感。這點妳也必須告訴他。

(b)以指腹撫觸大腿內側的柔嫩肌膚

當他的指尖遊移於妳的大腿時，相信妳會情不自禁地把它拉近更敏感的大腿內側，並很

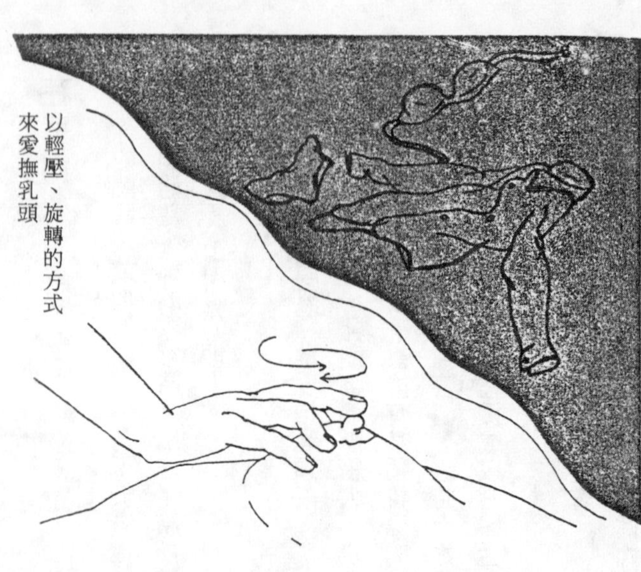


自然地張開兩腿。

當以指腹輕輕撫觸大腿根部內側的柔嫩肌膚時，快感會傳至下腹部，這點或許會令妳感到驚訝！

(c)愛撫性器時，必須自周邊開始

他的手伸入妳的內褲，觸及陰唇時，妳必定會感到慾火中燒。

在內褲裡的他的手，一定會撥弄恥毛，來回逡巡，暫時逗留在恥骨周圍。

這時，妳或許會問：「為什麼不乾脆撫摸陰道呢？」這就是所謂前戲，在女性未進入陶醉、忘我的情況之前，他絕不會突兀地去接觸感受性強烈的陰蒂或陰道……。

女性愛撫男性性器時亦同。當妳把手伸入

他的內褲裡，觸及他的愛之塔時，如果唐突地握住最敏感的龜頭，妳想他會怎樣？可能會因受到驚嚇而精氣頓失。

## 愛撫的禮節

①要避免以不潔的手指或指甲愛撫

尤其是性器周圍，不僅容易受傷，粘膜更易受細菌的侵犯。所以，愛撫時務必洗淨雙手、剪短指甲之後再從事。

②在渴望被愛撫的日子，服裝要潔淨，最好穿著容易接納他的手的寬鬆上衣和裙子。

不戴胸罩或不穿內褲是不雅的。有時不想戴胸罩而穿上質料較厚的上衣並無不可，但如果穿較薄的上衣，隱約看得見乳頭的話，那就有礙觀瞻了。如果妳想表現性感，不妨穿著能讓酥胸微露的V字領上衣，投其所好，亦不失為良策。

③只許愛撫乳房——有此限制時，應儘早明白地告訴他。

如果這樣，他對妳的愛就顯得冷淡的話，這個人必定不可靠。

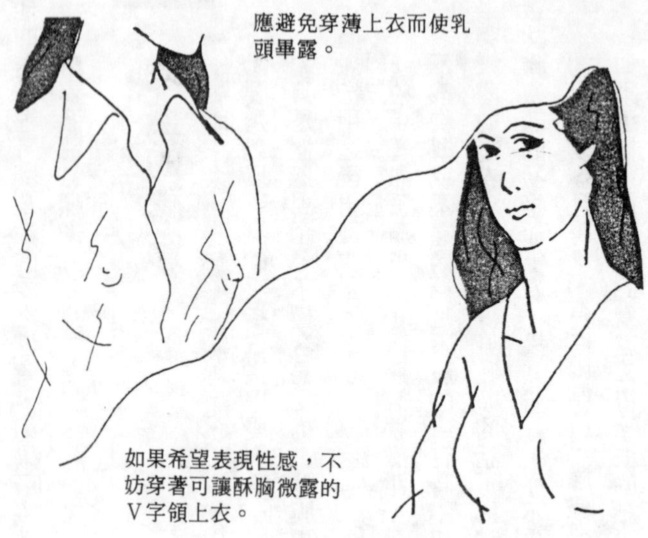
應避免穿薄上衣而使乳頭畢露。

如果希望表現性感，不妨穿著可讓酥胸微露的V字領上衣。

倘若怕他不高興而不敢拒絕，在並非出於己意的情況下接受愛撫，或進行性行為的話，就有被譏為「人盡可夫」之虞呢！

④不要突兀地發出笑聲。

突兀地笑，或高聲笑，這是作愛時的忌諱。因為兩人裸裎相對時，即使妳無意地發出羞赧的笑聲，也容易令他誤以為妳在恥笑他裸體的模樣。

# 口腔性愛的種類與方法

## 男性主導的口腔性愛方法與體位

他的唇舔弄妳的性器，具有與愛撫同樣的效果。有時，他會因為太愛妳，而在妳的性器上雨吻。

男性瞧見自己喜愛的女性因快感而全身震顫的模樣，便會不由得倍感興奮與歡欣。

### ●對陰蒂的高明愛撫法

當他的唇觸及妳敏感的按鈕時，妳要獻出陰蒂下方感受性最強的部分，讓他儘情地進行妙不可言的愛的遊戲。

這時，妳要輕輕地撫弄他的頭髮，算是對愛撫的回報。

他有時會把陰蒂全都含在口中，以舌尖舔弄敏感的按鈕，此刻，妳一定會激情地企盼它的侵入。

## ●對陰道的高明愛撫法

他的唇撫觸陰蒂之後，會逐漸接近陰道口，而隨時準備侵入裡面。

當他的舌尖舔弄大、小陰唇兩側時，一定會令妳感到銷魂。妳不妨以自己的手扳開他的唇碰到的部分，使感受更強烈、更深刻。

## ●生理中高明的愛撫法

他的舌尖充滿冒險意欲。無論他以嘴唇撫觸，或以舌尖舔弄，在在都能令妳陶醉、忘我。

對於他的要求，須注意下列三點：

①生理中他想吻妳的性器的話，要事先告訴他「是生理中」，以免引起不快。

生理中最好只愛撫陰蒂，別驚動它。如果告訴他月經來潮，而他仍堅持要吻的話，就任由他吧！

## （男性主導的口腔性愛體位）

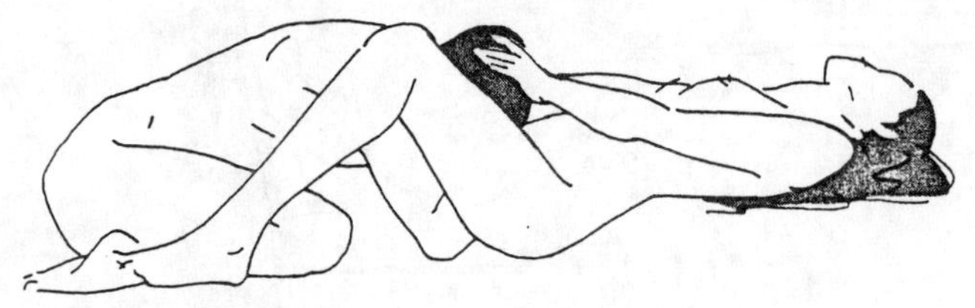

①妳要撫弄他的頭髮、耳際、頸項，以示回報⋯

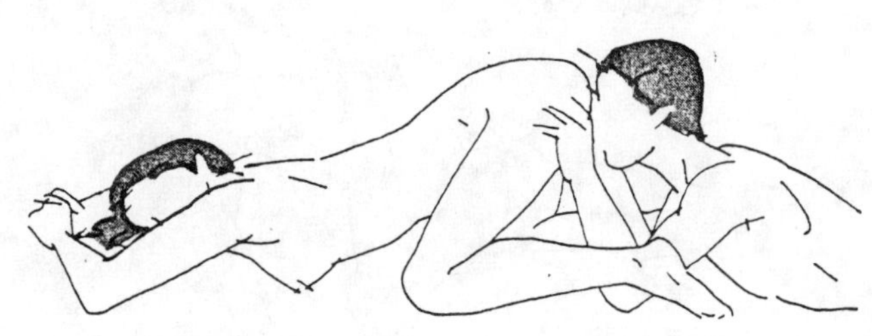

②妳要扭動臀部，或以一隻手擋住他的嘴唇，
甚而引導他⋯⋯

③ 妳可以用腳掌
愛撫他的背部

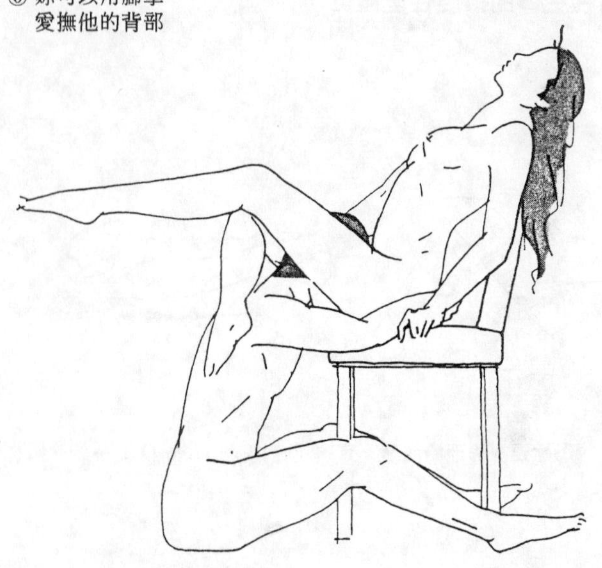

④妳扭動腰部逃避的模樣，
會令他感到既愛又憐

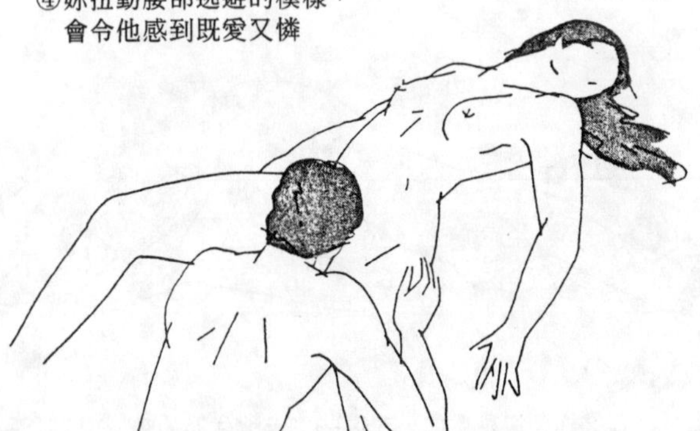

②不能入浴時，要以衛生紙拭淨。

③入浴時，須注意洗淨大陰唇和陰蒂包皮內的恥垢。

恥垢是皮膚新陳代謝所形成的污垢。恥垢積多了會產生異味，所以，平時就要注意清潔、衛生。

## 女性主導的口腔性愛方法與體位

一旦女性產生「更深愛他」的衝動時，對他的擁吻就會變得自然而激情。無論是男性主導或女性主導的口腔性愛，隨著愛的加深，這種性愛方式絕非一方單獨的行為。

但是，不知何故，多數女性都不喜歡由自己主導而進行口腔性愛。理由是，她不願意被認為是「淫蕩的女人」。

他熱切地等候妳的唇，但妳卻認為「可恥」，這未免不公平。

現在筆者要介紹的，是妳不會被視為淫蕩、輕鬆可行的口腔性愛技巧。

（女性主導的口腔性愛體位）
①妳要握住根部，讓他安心。

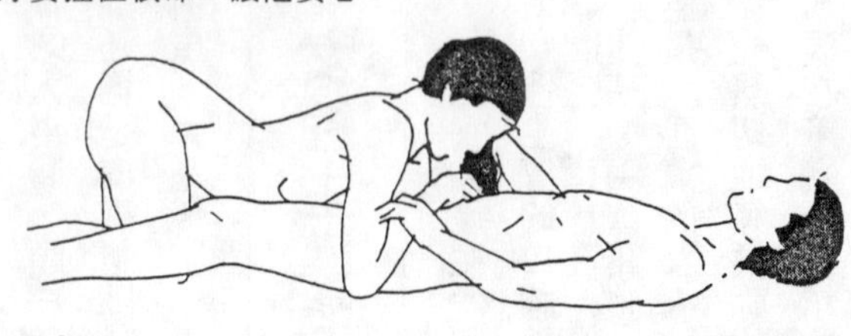

## ●對陰莖的高明愛撫法

先用兩手輕輕握住陰莖，邊愛撫邊往下移動。接近陰毛根部時，便以舌頭去舔弄它。

當陰莖的全貌明朗時，就對著它吹熱氣，或吻他的大腿來挑逗他，以激發他的慾火。當妳撫弄他的陰毛時，相信他一定熱切地企盼著妳的唇。

噘起嘴唇，在陰莖上來回逡巡，或以舌尖舔弄龜頭內側，將會令他感到銷魂。

然後，把它輕含在口中，須注意別用牙齒咬到它。因為陰莖極其敏感，只要稍有異樣的刺激，就會產生不快感。這時，他會有在陰道內的錯覺，妳必須使用愛的技巧，時快時慢地讓雙方達到水乳交融的境界。

②在他身旁愛撫龜頭。

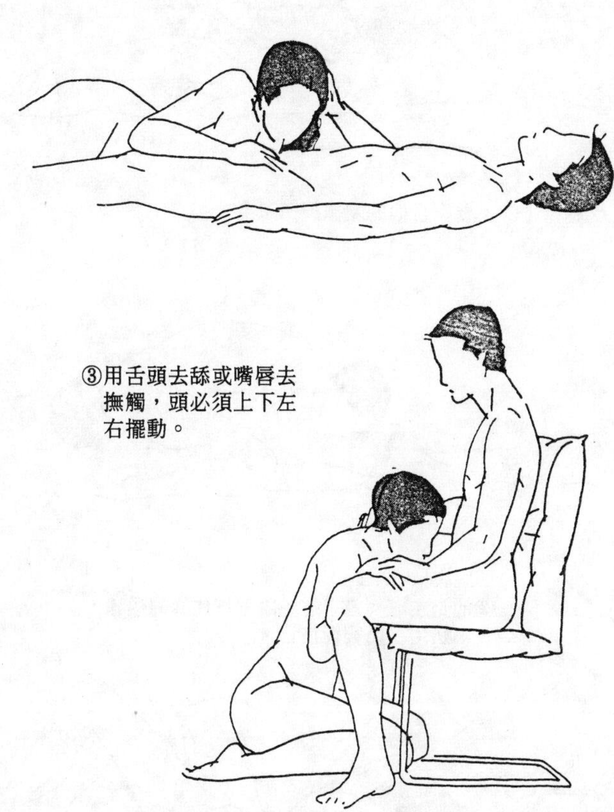

③用舌頭去舔或嘴唇去
撫觸，頭必須上下左
右擺動。

## （兩人同時進行性器愛撫）

①能夠互相吮舔性器的持久、舒適姿勢。

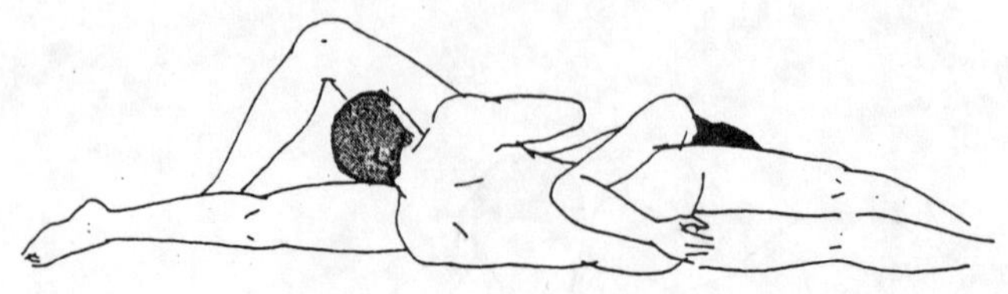

②妳是主導。要配合他的愛撫調節深淺。

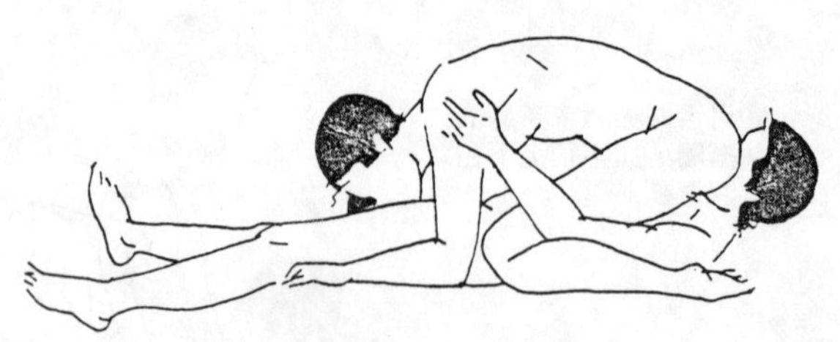

③他是主導。為了避免陰莖堵住妳的喉嚨，
不妨用手輕輕握住它。

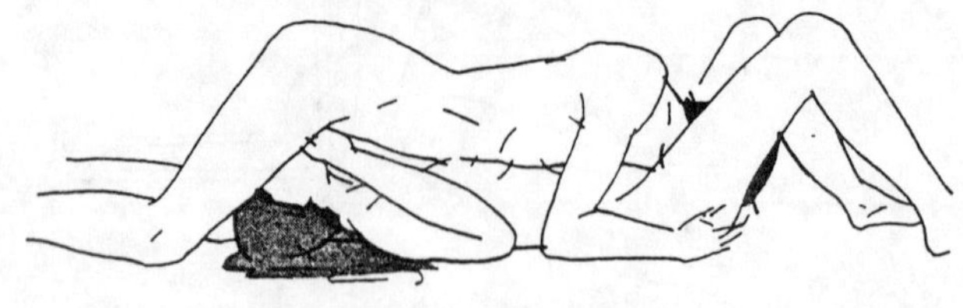

## ●對睪丸的高明愛撫法

在陰莖下的睪丸，被陰囊包覆而下垂。它比陰莖更敏感，所以，妳必須善待它。對睪丸的愛撫，間接比直接有效。對著陰囊吹熱氣或吸吮，或以手撫摸，都能令對方產生快感。

為了提昇他的快感，妳先就告訴他「我會留意你的睪丸」，讓他安心，這才是明智之舉。對待它，單手不如雙手，牙齒不如舌尖。

# 體位的種類與技巧

## ●什麼體位較合適？

相愛的男女結合時，必須使出渾身解數，才能體會性的樂趣。兩人結合的姿勢便是所謂的「體位」，種類不一而足。

（為了初夜）

①男性在上面（伸張姿勢）
<特徵>
結合部分稍淺，是易以男性為中心而活動的體位。

<女性身體的動作>
妳不必完全被動，不妨把手伸到他背後、腰部、臀部等，加以愛撫……

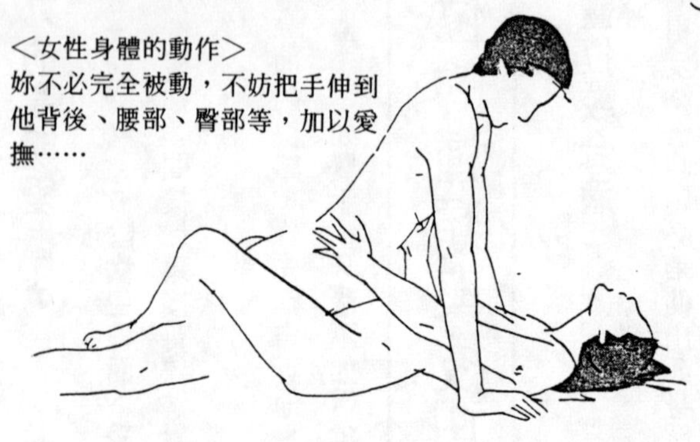

在各種體位中，有適合初次體驗的體位，在車內狹窄空間亦可進行的體位，以及激發情人慾火的體位等，不妨靈活地加以運用。

妳必須從各個基本姿勢去瞭解滿足自己性慾求的方法，而後才能知所變化。

### ②男性在上面（屈曲姿勢）

＜特徵＞結合較為緊密，能彼此確認愛的熱度

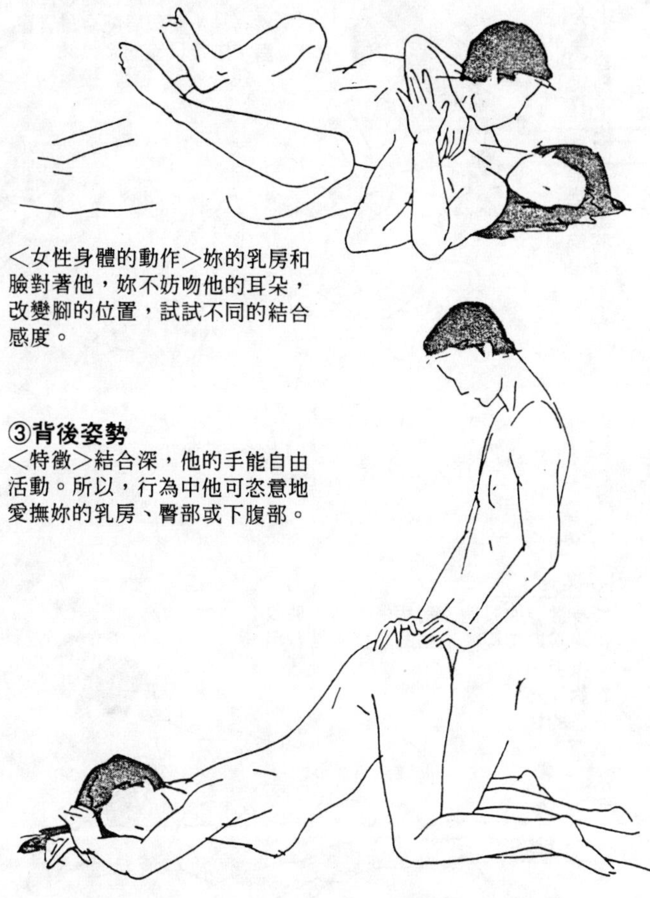

＜女性身體的動作＞妳的乳房和臉對著他，妳不妨吻他的耳朵，改變腳的位置，試試不同的結合感度。

### ③背後姿勢

＜特徵＞結合深，他的手能自由活動。所以，行為中他可恣意地愛撫妳的乳房、臀部或下腹部。

＜女性身體的動作＞這種體位或許會令妳感到羞赧。如果靜止不動，則無法充分享受。因此，不妨配合著他的動作，扭動臀部吧！

## ④橫坐姿勢

（特徵）適合在車內、長凳上，或沙發裡進行的體位。結合淺，所以要配合甜言蜜語，製造浪漫的氣氛。

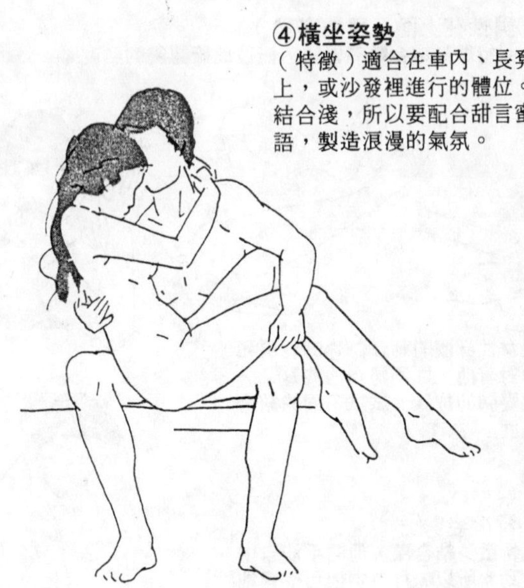

（女性身體的動作）被他抱住的雙腳要上下輕動，以間接刺激其慾火。

## ⑤女性在上面

<特徵>如果他感到疲倦的話，便改由妳採取積極、主動的體位。結合淺，但很適合妳探尋自己的快感帶。

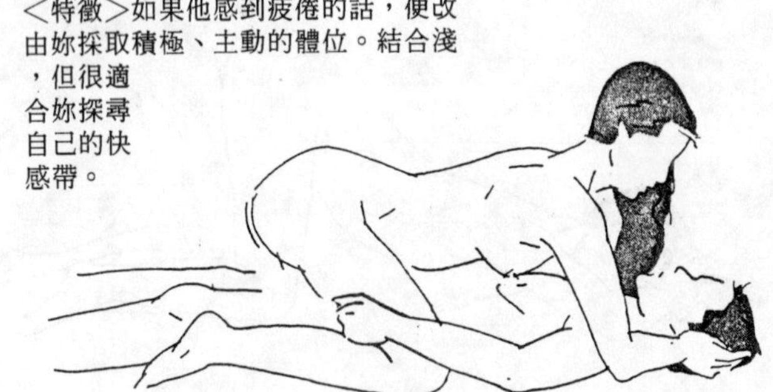

（女性身體的動作）和他躺在一起時，要很自然地抱住他。利用腳的曲伸，使他感覺緊密地和妳結合在一起。

## （使愛更甜蜜）

### ①屈曲坐姿

〈特徵〉被他抱住，上半身懸空的姿勢。結合相當深，能享受性愛樂趣之極至。

（女性身體的動作）由於此為不安定的姿勢，動作不能過於劇烈。要迎合他的動作，把腰部前突或後拉。

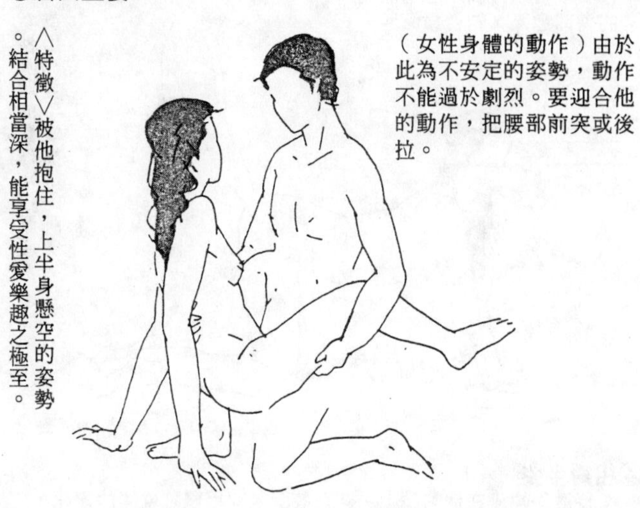

### ②橋型伸張姿勢

＜特徵＞頭部降低，呼吸雖較困難，反而容易激發快感。結合比普通伸張姿勢深。

＜女性身體的動作＞兩肘著地，可利用背肌力量上下活動腰部，也可以挺起上半身和他相互擁抱。

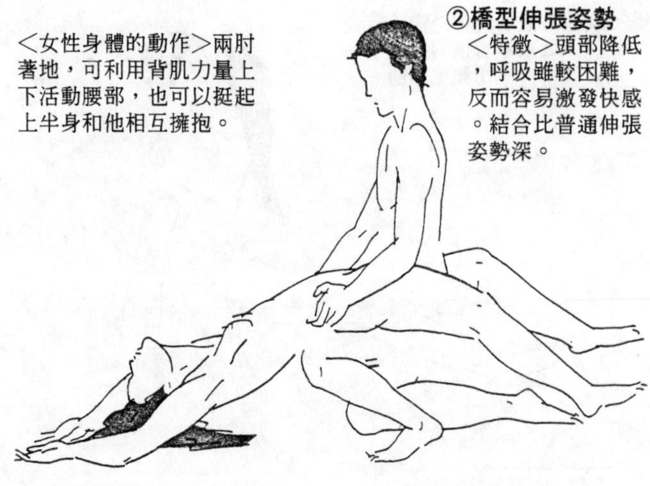

**③挺腰的背後姿勢**

<特徵>由於不必和他兩眼相向，所以可以大膽地恣意而為。妳的臀部愈高，結合愈深。

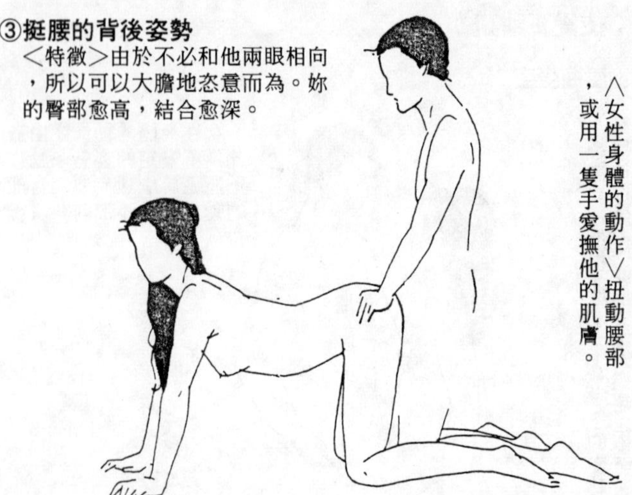

<女性身體的動作>扭動腰部，或用一隻手愛撫他的肌膚。

**④相對坐姿**

<特徵>妳坐在他的腿上，結合最深。利用雙腳位置的變化，便可享受不同的樂趣。

<女性身體的動作>由於結合較深，如果不習慣的話，不要過度活動。不妨和他擁吻。

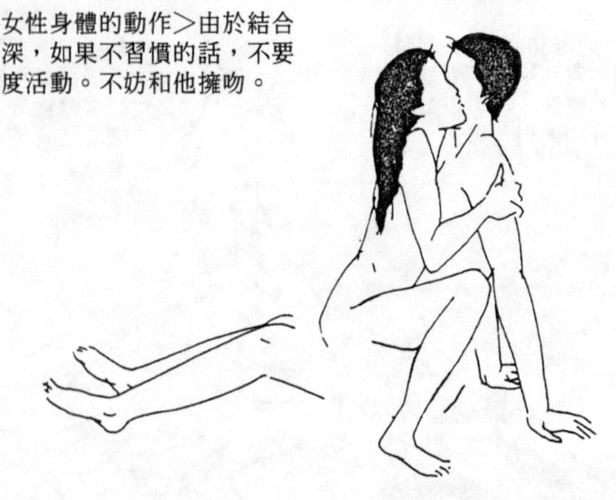

### ⑤對面騎坐姿勢

＜特徵＞利用妳身體的動作，能任意地加強或減弱結合程度。別擔心妳會壓痛了他，因為妳的體重他一點兒也不在乎。

＜女性身體的動作＞當妳把背挺直時，結合度會緩和；上半身接近他時，壓迫感則會增強。

### ⑥對面交叉姿勢

＜特徵＞腳相互交叉，是能提高結合度的姿勢。

＜女性身體的動作＞上半身和腰部要向上或向兩旁扭動。

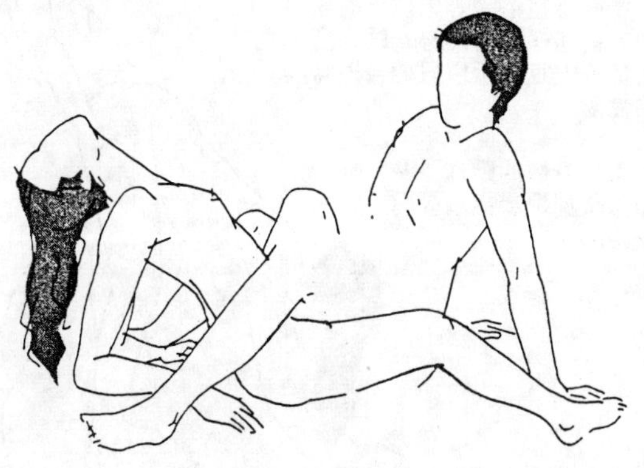

## （兩人共同享愛的性愛）

### ①背面坐姿

＜特徵＞在結合的情況下也能稍事休息的體位。兩人能邊談天，邊用手或唇愛撫對方，結合稍深。

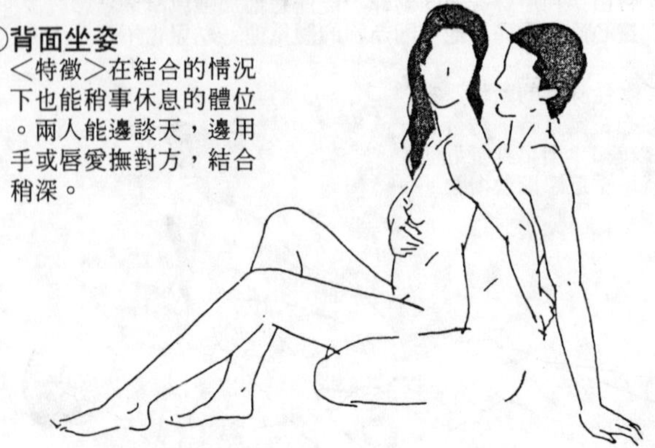

＜女性身體的動作＞利用背部的前俯或後仰，提昇他的快感。

### ②背面立姿

＜特徵＞在浴室等床以外的任何地方都能採取的姿勢。結合淺，姿勢不安定，所以只適合短時間的性愛。

＜女性身體的動作＞身體倚著窗戶或桌子較有安定感。

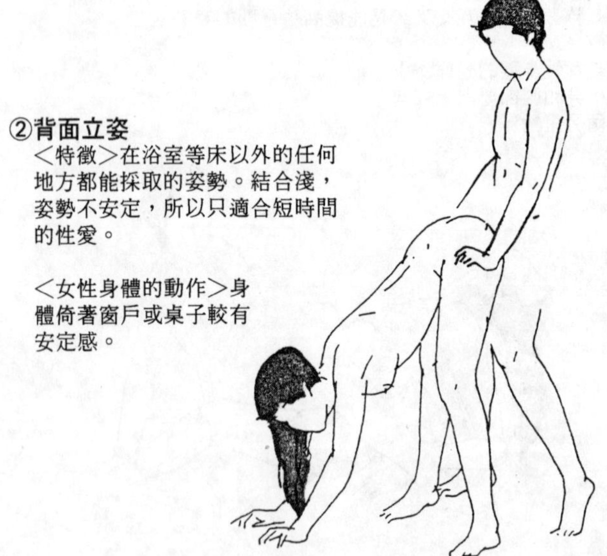

### ③背面騎坐姿勢

＜特徵＞妳能童稚未泯地和他嬉戲，也能積極地向他示愛。

＜女性身體的動作＞利用左右大腿的開合，或上半身前後的搖動，便可享受不同的樂趣。

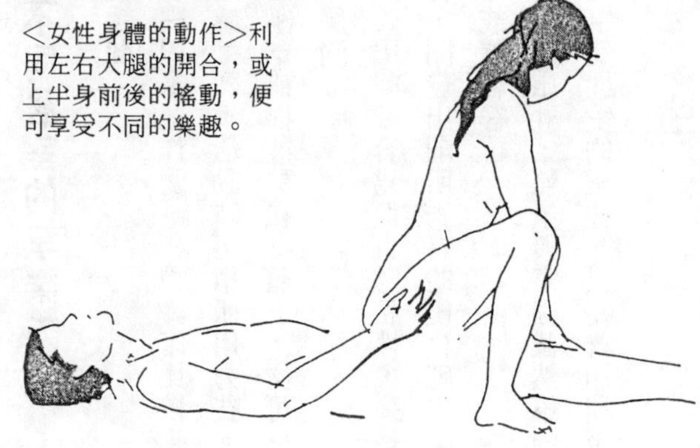

### ④男性在上的逆向姿勢

＜特徵＞這種截然不同角度的結合，能享受前所未有的新鮮快感。結合雖淺，但陰蒂容易承受刺激。

＜女性身體的動作＞活動懸空的雙腳，探尋自己的快感帶吧！

## ●在不同居室的享樂方法

**在日式房間**

在榻榻米上作愛，和彈簧床比較起來，雖然較平坦，但卻有不易變化的事實。不過，由於安定感強烈，活動時可稍微用力些。兩人的移動或活動範圍頗為寬廣，此亦優點之一。

把座墊或棉被墊在身體下，便可享受與平時不同的樂趣。

**在西式房間**

西式房間較容易保有隱私性，彈簧床又比被子等能作更立體的利用。不妨運用兩人姿勢的組合，開發出前所未有的變化吧！

**在賓館或旅社裡**

賓館或旅社，氣氛與家裡截然不同，也不必擔心干擾。在那完全屬於兩人的天地裡，可儘情地享受性愛的樂趣。只要善加利用，便可讓二人的愛重現新鮮感。

## （不同房間的享樂方式）

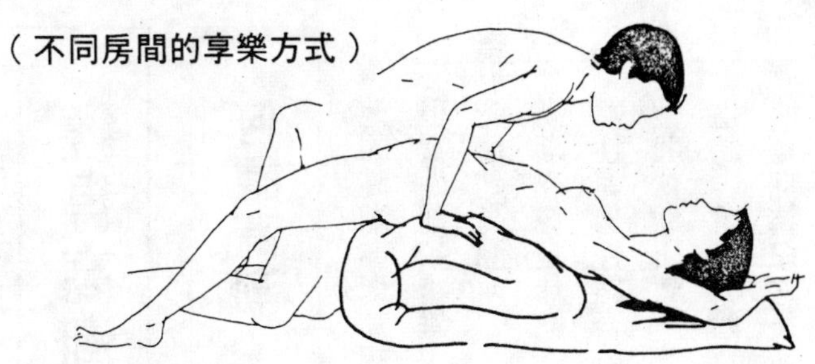

①在日式房間，不妨用被子墊在腰下……，能使結合更深。

②在西式房間，可利用床採取背後姿勢（女性俯臥）……，不但能減輕他的疲勞，妳的快感也可增加。

③與平常的氣氛迥然不同，但別忘了關掉電視。

# 獲得高潮的方法

## 何謂高潮？

他的高潮亦即勃起、插入、射精，依此模式，每次性愛必定有高潮。

但女性則較複雜，性愛時，有時能獲得高潮，有時則無。偶爾，並未插入，僅陰蒂受愛撫也能達到高潮。

高潮究竟是什麼？就生理學上言，那是興奮所引起的一種肉體反射。

女性與男性結合時，能夠體會魚水交歡的感受，主要是由於陰蒂或陰道前庭受刺激，而進入性興奮期所致。

這時，陰蒂和陰莖一樣，會肥大、勃起。大陰唇則會膨脹而微帶紅色。

興奮期持續之後所體會的絕頂快感，便是高潮。

處於高潮狀態的女性，①呼吸會變急促，②會出汗，③陰道及全身肌肉會產生弛緩、舒暢感。血壓和脈搏數則會比平常高。

聽說女性在高潮期會發出悶叫聲，說得正確些，應該是即將達到高潮的前夕，會忍不住地發出聲音。那猶如男性要女性支撐下去的意志表示，同時也具有提昇女性快感的作用。

如果妳到現在還未體驗過高潮，並非就是病態或冷感症的表示。通常，有多次性經驗的女性較容易體會高潮。有些女性，遲至婚後十多年才體會到呢！

不過，如果能早些體會高潮，一定能讓妳的性生活更多采多姿。在欲享受絕頂狀態的心態下，有一天倘若高潮的浪潮向妳襲擊時，妳一定會感到那委實太美妙了！

興奮期持續不久後，一定能體會高潮來襲時的快感。

## 陰蒂感覺抑或陰道感覺？

女性達到高潮，是由於①陰蒂受刺激，抑或②陰道受刺激呢？這點至今仍衆說紛紜。根據研究結果得知，陰蒂受刺激時，有九〇%的女性會產生高潮。由這項結論，我們便可瞭解陰道感覺遲鈍的原因。

刺激陰蒂確實能令女性達到高潮，不過，並無陰道所感受的高潮那麼強烈。

陰蒂與陰道所產生的感覺，究竟有什麼差異呢？

### ●陰蒂所感受的高潮

自慰或被他的手指、舌尖愛撫時，僅刺激陰蒂便可獲得快感。

①似火花迸放般的銳利感覺，②短時間劇烈的快感，③從腳尖到頭部，抽筋般的感覺呈直線擴散，這是多數女性所感受到的感覺。刺激敏感的陰蒂，很快地就能達到高潮，但一般說來那只是輕度的高潮。

## ●陰道所感受的高潮

撫摸或摩擦距離陰道口約三公分的陰道前庭，予以刺激，便可令女性獲得快感。這時，間接支撐陰蒂的肌肉，也會感受到刺激。

在插入中，陰道所感受的高潮是①似煙火迸放般鉅大且深刻的快感，②浮遊、虛脫感之外，同時有解放的感覺，③斷斷續續地能感受到數次絕頂感。

妳體會到的高潮是哪一種呢？聰明的女性，為了能同時體驗陰蒂的感覺加陰道的感覺，在插入中刺激陰蒂，便可達到這種境界。

# 有關高潮之問答

## ◆自慰會招致冷感症？

問：二十二歲，職業婦女。四個月前，每次約會都和他有性行為。

他稱讚我「妳太棒了！」但我卻不認為真那麼好。雖非全無快感，但感覺並不強烈。反而自慰時能體驗頗強烈的快感。前戲時，我感覺很美妙，但一插入快感就頓時減弱了。

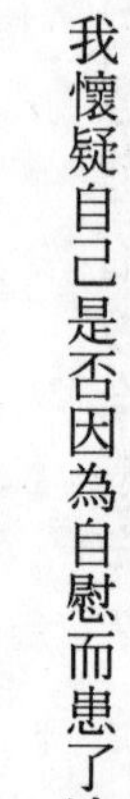

我懷疑自己是否因為自慰而患了冷感症？

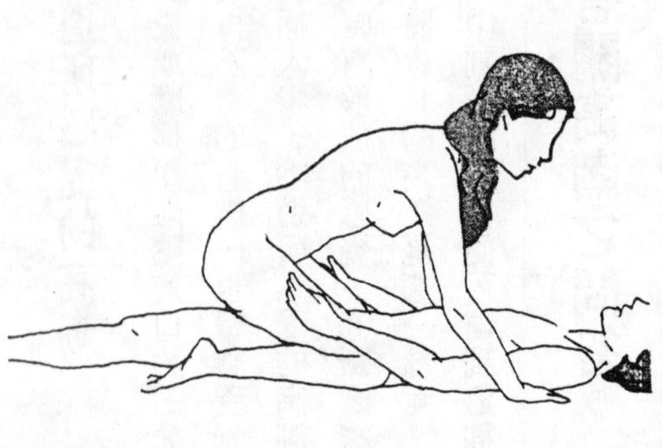

性體驗少而未能感受高潮時，絕非病態。若能換成女性在上面的姿勢，積極活動身體，應能獲得強烈的快感。

**答**：在性行為中，無法感受到高潮，是否就是冷感的表示？提出這類問題的女性，為數頗多。

其實，女性的快感帶分散在陰道內和陰道外的陰唇或陰蒂。年輕女性由於陰道內的快感帶尚未十分發達，所以，通常給予外陰部刺激，較能產生強烈的快感。

前戲或自慰大多以外陰部的愛撫為主，所以，性體驗少的話，反而這樣較容易感受快感，一點兒也非病態。

男性的快感帶則集中於陰莖前端，所以，

插入後會一味地抽動，女性方面會感到快感不足，這時，妳要提醒他積極地撫摸妳的外陰部，或於插入中愛撫妳的背部。如果換成女性在上面的姿勢，由於緊密結合，配合身體的蠕動，應該能產生超乎自慰或前戲的快感。

## 獲得高潮的技巧

體驗過高朝的女性，並非每次都能達到絕頂感。為了獲得快感，似應熟習某種類似衝淚的技巧。

### ●精神上的技巧

欲體會絕頂感，首先必須放鬆心情，否則可說絕對無法獲得高潮。和他必須有「什麼都可以」的密切關係，不好意思、羞赧等行為是忌諱，跟他應親暱至極。

二，必須消除擔心或在意的事。例如，電話鈴聲（不妨把話筒拿起來，或蓋在被子裡），時鐘的聲音、鄰室電視的雜音等「聲音公害」都不容忽視。還有，工作要先完成，若和朋友有約，要事先解決。

三，要革除男性主導的想法，而必須認為那是雙方的享受。如果永遠處於被動的話，就會遠離高潮。性愛時，應摒除雜念，沈浸於羅曼蒂克的氣氛中。

為了獲得高潮，姿勢相當重要。不妨採取對面騎乘或對面坐姿等女性主導的體位。

## ●肉體上的技巧

開始時，妳就要儘情地扭動腰部。

一般男性於性愛時，都會自然地抽動，亦即陰莖在陰道內進出的直線動作。然而，妳本身是否喜歡他的這種動作呢？

「我要他把陰莖插深些，然後靜止不動，以陰莖為軸，我開始上下、左右地扭動自己的腰部，找出和他配合的最好角度，甚而能將陰道往他的恥骨部推進。」（二七歲家庭主婦）

姿勢很重要。性愛時，女性大多採取自己仰臥，而男性在上面的姿勢，如此很不容易達到高潮。理由是很容易變成以男性的活動為主，女性無法儘情扭動腰部，刺激陰蒂。達到絕頂的姿勢，當然有個別差異，大體說來，女性較易活動的體位有對面騎乘姿勢（男性仰臥，女性坐在他的大腿上）和對面坐姿（面對面，女性坐在男性腿上）等兩種。

# 關於性慾

## 女性無性慾嗎？

男女的性慾，如果像貓或狗等動物，以體味引誘對方的話，那就有低等、野蠻之虞。幸虧人類具有知性與理性，所以認為抑制性慾才是美德。

尤其是女性，大都有「性慾是男人的事，與女性無關」的傳統觀念。因此，礙於教養，即使有性慾也已退化至感覺不出來。

為什麼女性無性慾呢?這是由於自古以來人類便運營著男性為中心的生活,女性們大都認為「性慾是男人的事,女人只接受它」。

然而,現在就截然不同了。女性確實也有性慾。亦即男性有性慾,女性卻一點兒也不起勁時,可說「No!」而加以拒絕。如果產生性慾時,女性也可以主動地要求對方「我們來作愛吧!」

為了讓自己成為一名成熟的女性,現在就來探討慾的意義吧!

## 五感性慾

「五感性慾」可作為探討性慾的一個準繩。

就像看到什麼美好的事物一樣,當妳感到「心裡癢癢的」、「希望被擁抱」、「想和他作愛」時,內心便會湧現舒暢、飄然的感覺。當然,其間會有個別差異。下面列舉的實例,乃十八歲到三十五歲的九十六位女性們的問卷調查結果。

## ①由視覺激發的性慾

妳看到什麼時會感覺到有性慾？他的臀部？他的眼睛？男用內褲？或色情電影？

在女性眼中，會激發性慾的乃①男性的下半身二四％。②男性的上半身十九％。③男性的臉九％。過半數的女性則回答，情人身體的一部分。

其他還有④脇毛或腿毛，⑤手指等。對於令人聯想到男性的⑥熱狗或⑦電話聽筒等，有相當感度的女性也有。

能激發性慾的顏色是粉紅色和淡紫色。有人說鋪上這種顏色的床罩，能令人聯想到母奶。

男性則認為紅色較能激發性慾。

眼睛所看到的東西當中，平常並無特殊感覺，但有時會奇妙地激起性慾。例如，他蓬亂的頭髮，被弄鬆的領結，袖子半捲的皺皺的襯衫等都會。某些被弄亂或呈現頹喪感的事物，或許能令女性湧現母性的本能吧！

## ②由聽覺激發的性慾

下面列舉的事物，妳認為何者最能魅惑人呢？

(a)夜晚的雨聲，(b)汽笛的鳴聲，(c)枕邊細語，(d)他在電話中的聲音，(e)低沈的聲音，(f)汽油桶的聲音，(g)床吱嘎響的聲音等。

樂曲能讓妳聽來感到舒暢、歡欣。同樣的，興奮的聲音，是低音比高音，小聲比大聲更撩人、魅惑人。

如果他的聲音像尖叫，那一點兒也不性感；反之，甜蜜、低沈的聲音才會令妳心動。床吱嘎吱嘎響的規則聲音，以及舒暢的低鳴，能使妳的感受達到頂點。

## ③嗅覺所激發的性慾

最近，男性們對於古龍香水似乎有特別的偏好。我們暫且不談這種習慣是好是壞，但它能消除體臭則是不爭的事實。

對女性而言，男人的體臭具有激發性慾的作用，他本身未察覺的體臭，是魅惑妳的因素之一哩！

男性的體臭之外，能激發女性性慾的還有(a)夏草或樹木的新芽（聯想到精液，(b)麝香（

有催淫作用)，(c)玫瑰花香，(d)乾乳酪，(e)白蘭地等。

## ④味覺所激發的性慾

「吻的甜美味道是難以言喻的」，妳不要先入為主的對吻有偏見，應該勇於嚐試，使妳的櫻唇更誘人！

(a)甜小紅豆(粘粘的，入口即化)，(b)魚子(以舌尖舔舔看，有無異樣的感覺？)(c)奶油(舔奶油時，會有所聯想的女性頗多)，(d)青紫蘇葉(細細的絨毛，就像他的胎毛)，(e)香腸(想想大口吃的時候)。

除此之外，似乎還有。

## ⑤觸覺所激發的性慾

人類肌膚有合成樹脂或塑膠所無法替代的可貴觸感。他厚實的胸膛、魁偉的手臂、可愛的臀部等，撫觸時便可令人產生無窮的性慾望。

當妳觸及下列物品時，是否有忘我的經驗？

（女性快感帶分佈圖）

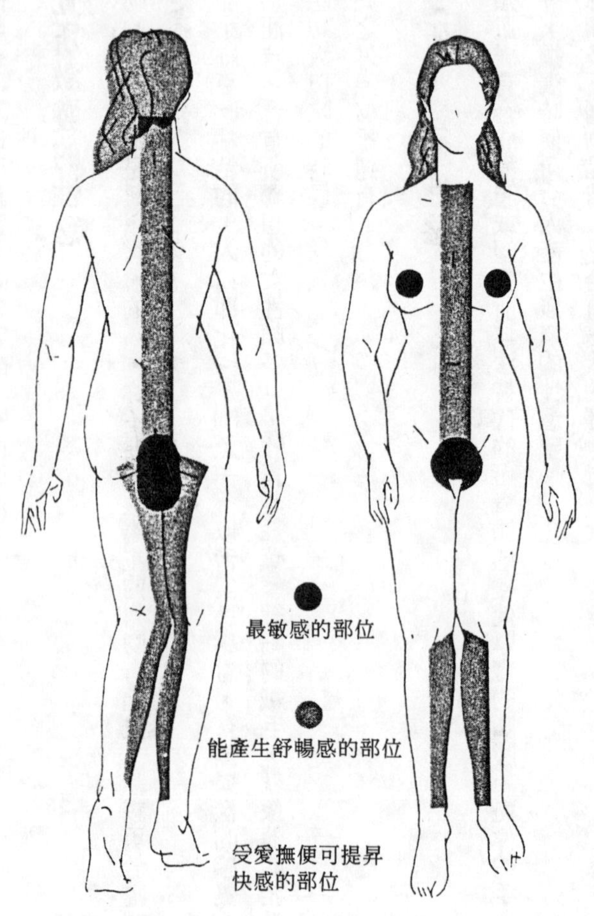

(a)溫暖的蒟蒻，(b)良質的絨毛，(c)高爾夫球棒的柄（握時你會聯想到什麼？）(d)在他床上時，身體的觸感（實際上接觸的是空氣，但卻感到心癢癢的），(e)以雙手握住電話筒時（即使單手也有感覺）。

對妳來說，身邊之物隨時有激發性慾的可能，平常不妨多加磨練。

## 益田式快感分類法

### ●男女部位、內容不同

有人說女性的全身無一處不是快感帶，其實男性亦同。只是各部位感受性的強弱，以及內容互異罷了。

快感帶大致可分為下列五種：

①**心理快感帶**　受愛撫時，內心所感受到的快感。

②**聯想快感帶**　平常會有搔癢感覺的部位，視氣氛會令人聯想到性愛而誘發衝動。

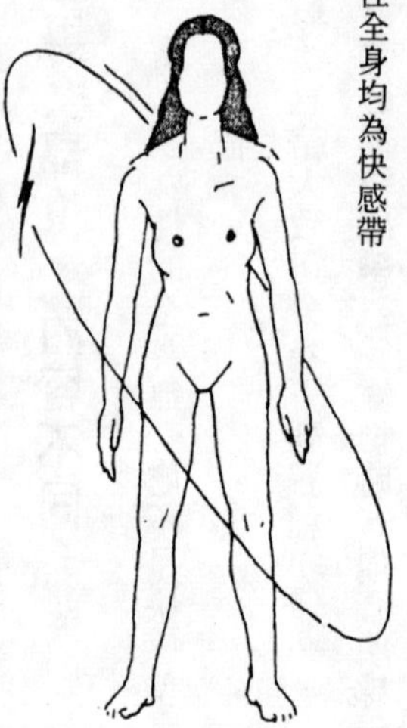

女性全身均為快感帶

③**錯覺快感帶** 會陰部等性器與大腦中樞受刺激的話，大腦就會產生猶如性器本身受刺激般的錯覺。

④**經絡快感帶** 中醫認為某些經絡受刺激的話，會激發快感。

⑤**性器快感帶** 接觸時不痛而能產生快感的部位。主要有性器、乳腺等。

由①～⑤巧妙地運用，才能藉愛撫而發揮快感之極至。

## 變異的愛

### ●看看變異的世界……

由亞當、夏娃時代開始，男女相愛就是一種自然的法則。然而，任何一個時代，都有一些生活於法則之外的人。本章所要介紹的，便是這種世界。

我絕無鼓勵或否定之意，只想把它當作一種知識，和讀者共同來探討。

「愛」變得如此五花八門，似乎在告訴我們愛的深度。

## ①同性戀

雖然總稱為同性戀，但細分之下又可分為女性與女性，男性與男性的同性戀。

以美國或歐洲為中心，同性戀者為了獲得正當權力，正繼續努力從事著各種自我主張。

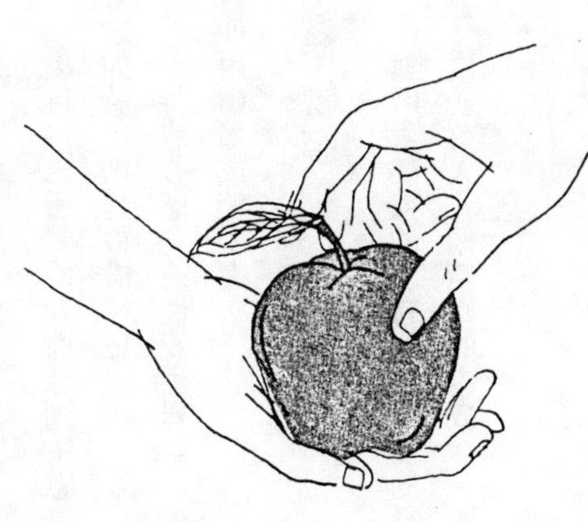

從亞當、夏娃時代開始，愛就是一種自然的法則，但是……

在日本，同性戀者聚會的酒吧也逐漸開放。

這些同性戀者，絕非異質人種，只不過是與自己性別相同者互戀互愛罷了。

所以，他們或許比我們更瞭解愛的深度。

## ②性虐待狂者的傾向

虐待自己所愛的人而感到快慰，這便是所謂的性虐待狂；反之，被自己所愛的人虐待而甘之如飴，則是被虐待狂。

虐待或被虐者的性愛世界中，總脫離不了皮鞭或其他皮革製所加諸肉體的痛苦，有時還會使用蠟燭或繩子呢！

## ③戀物癖

對所愛的人的所有物（男性的話，則是女友的內褲或胸罩等）有異乎尋常的喜愛舉措。

由於有人會偷走妳的內衣褲，所以請務必當心。

男同性戀者
女同性戀者
將愛人的所有物當作至寶的戀物癖

# 各年齡層女性的性愛守則

## 女性須絕對遵守的性愛守則

### ⑴十歲年齡層（青春期—第二次性徵發育期

①現在，十～十二歲的女孩，約有三分之二已經開始初潮，所以要事先準備生理用品。

②初潮有個別差異，或早或晚別太擔心，但如果超過十五、六歲仍無徵兆的話，最好去看醫生。

③初潮之後，或有生理不順的現象可不必擔心。

④此年齡層之生理痛，多屬機能性的，隨著年齡的增加，自然會減輕，但較嚴重者要請教醫生。

⑤乳腺、性器於少女時代會有急遽的變化，所以，如果看到其形狀、顏色產生變化而認為是手淫導致的，那是錯誤的觀念。

⑥男性的性慾或勃起，和女性不同，不一定與愛情有關，愈年輕的男性，動物性的衝動愈顯著，這點有事先確認的必要。

⑦十多歲便有性經驗，且有人工墮胎記錄的女性有逐漸增加的趨勢，這種現象並不可喜。如果害怕妊娠或被對方傳染到性病，就該乾脆地說「No」。

⑧十來歲的女孩，瞞著家人或學校而接受人工墮胎者頗多，墮胎後無法獲得妥適的照顧或靜養，會留下不孕或其他後遺症，所以最好避免此類情事。

⑨生理不順，加上年輕男性精子較為強壯之故，所以，使用荻野式避孕法頗危險。不妨利用基礎體溫法，或保險套，否則有失敗之虞。

多數醫生都認為發育期間，最好不要服用避孕藥丸。

⑩由於內分泌、荷爾蒙的平衡關係，臉上容易長青春痘，所以要特別留意皮膚的衛生與清潔。

## (2)二十歲年齡層（婚姻生活開始期）

①年輕男性由於心理蜜月而導致陽萎者，有漸增的趨勢，所以，初夜的失敗不能斷言是病態。不高興或指責丈夫，會產生反效果，宜應避免。

②初夜未出血的機率有三分之一，所以，不必太在乎此事。

③男性的機能正常，但插入卻不可能時，可能是處女膜周邊肥厚所致，不要太勉強，應接受醫生的診察才是安全之策。

④性愛之後，有殘尿感，或下腹部感到不舒服時，可能是罹患了膀胱炎，若放置不管，有導致腎盂炎或慢性腎臟病的可能，所以應該儘早接受醫生的診治。

⑤不潔的性的行為，是陰道炎、子宮內膜炎、膀胱炎的主要原因。所以，性愛之前最好兩人都要入浴。

⑥性愛是雙方面的事。性的歡樂單靠男方是很難獲得的，必須事先瞭解這一點。

⑦男性的性機能（勃起、射精）相當纖細，並很容易受工作、家庭、心理等的影響，這點有認知的必要。

⑧妊娠初期（三個月時）和後期（八、九個月以後）的性生活要相當慎重。有流、早產經驗的女性，最好避免性生活。

⑨生產後三～四週必須禁慾。然後在醫生的指示下再開始性生活。

⑩墮胎手術後的性生活亦同。墮胎後更容易妊娠，這點必須充分考慮，避孕是絕對必要的。

⑪正確地畫出自己的基礎體溫表。那是女性身體情況的珍貴參考資料，也是順利避孕所不可或缺的。

⑫二十歲年齡層的後半，除了保險套以外，也可考慮利用避孕藥丸或子宮帽。

## (3)三十歲年齡層（中年期）

①須注意肥胖或成人病的預防。要節制飲食並避免運動不足。

②婦科方面的定期檢查也是不容忽視的。

③三十歲年齡層的後半，可考慮採用丈夫輸精管結紮的避孕方法。

④性生活很容易流於單調。不妨在精神上多下點工夫，或以合理的技巧，讓丈夫重拾年

輕時的魅力。

## (4)四十歲年齡層（更年期）

①精神上會出現不安定的現象，所以，要以樂觀、開朗的心情來轉變、調適生活氣氛。

②每天必須從事適當的運動，以促進全身的血液循環，刺激新陳代謝。

③此為生理轉變期，婦科不必說，其他各種毛病會相繼出現，所以，有作全身健康檢查的必要。

## (5)五十歲年齡層（閉經期以後）

①必須和二十多歲時一樣，充滿活潑朝氣。因此，不妨花點心思，找尋適合老人享樂的方式，有在氣氛上返老還童的效果。

②如果長期禁慾，陰道會萎縮而無法接納男人的性器。

③容易引起老人性陰道炎，男性方面則容易誘發尿道炎，所以，有定期檢查的必要。

④由於年齡之故而導致愛液不足的話，可利用補助愛液來享受性愛的樂趣。

⑤男女腹上死的人數有漸增的趨勢，所以不可過度劇烈，應以肌膚接觸，氣氛至上的溫和方式來進行。

⑥在性生活中要充分考慮對包括子宮在內的各種老人病的對策。

## 各年齡層均需注意的事項

### ①分泌物

白帶是女性性器健康的指標，所以，其異常或變化均不容忽視。

- 黃白色、乳白色或無色為正常。
- 淡黃色，有氣泡粒子，並會發癢的話，是陰道滴蟲的症狀。
- 像豆腐渣，感覺上像漿糊，並會發癢的話，則是陰道念珠菌病。
- 黃綠色（膿的顏色）、陰道口疼痛或排尿疼痛的話，是淋病的徵兆。
- 分泌物中混有血液，則有流、早產，陰道炎，子宮糜爛、子宮肌腫和其他異常的嫌疑；如果是生理與生理期中的定期現象，則可視之為排卵期出血。

・混有血液的分泌物如果有惡臭，有可能是惡性腫瘍。因此，一旦分泌物異常，就應立即接受精密的檢查。

### ②人工墮胎

人工墮胎之後，如果未能充分靜養，可能會形成不孕、自律神經失調，以及貧血等後遺症，所以，術後須遵照醫生的指示，安靜養生。

### ③性生活

性生活的歡樂或感受程度，是跟個人的生活環境、性經驗、年齡，以及性愛觀有密切關係的，所以，不須和他人作比較。只要努力開發自己的高潮，從事合理、健康的性生活就行了。

### ④肥　胖

肥胖不但是美容的大敵，更會妨礙健康與性生活。所以，體質肥胖的人，千萬別忘了適當的運動，以及飲食的節制。

### ⑤嗜好品

煙、酒、咖啡等嗜好品，不宜攝取過多，睡眠不足也應避免。為了不累積精神壓力，最好花點心思，每天進行適合自己的氣氛轉變法。

### ⑥性用具與藥品

由於未能滿足於普通的性行為，為求更強烈的異常刺激，而使用特殊藥品或用具的話，容易傷及纖細的性器，不但會導致發炎，也可能使感受性失常，所以不要輕易嘗試。

### ⑦妊娠

妊娠初期應避免藥品、煙、酒、咖啡等會影響胎兒的嗜好品；精神上的壓力也要設法減輕。

# 中年以後的性生活

## ●生理機能衰退的話，不妨以技巧來補救

女性的性機能，由於荷爾蒙作用的差異，和男性比起來，被動的性質較強，不過順應性也因而較為顯著，大致上能和一般男性的性能力取得調和。

那當然也和性生活的頻度、時間，以及內容有關。除非女方身心方面有特別的缺陷，否則應無問題。

二十多歲時，由於彼此都年輕，所以，即使過度也不引以為苦。進入三十歲年齡層後，女性的順應力並不會有太大的變化。反而值此年齡層的女性，性慾會更旺盛。

性行為時通常居於主導地位的男方，則多少會有點變化。

被稱為中年的三十五、六歲時，無論男女，對於生理機能都會產生衰退的自覺，尤其是男性，性質或勃起能力方面，多半會產生變化。值此年齡的男性，無論是工作、家庭或心理

方面的負擔，都會形成精神壓力，而加速了生理機能的衰退，性生活的頻度也就會相對地減少。

如果女方不瞭解這一點，就會懷疑男方用情不專，在外面拈花惹草，這種疑神疑鬼的情事經常發生。

由於勃起力或持續力的減弱，性愛姿勢或許會因而受限制，不過卻有以技巧來補救，而使感情彌篤，較諸年輕時毫不遜色的優點。

關於性愛的動作，不妨從激烈的抽動改變為密貼的動作較為合適。

別忽視了成人病。尤其是心臟、血管系統的疾病，往往是腹上死的原因，體位的選擇，必須慎重。

糖尿病患者，只要控制飲食，調整血糖的話，就不會影響性生活。所以，希望女性能妥善照料男性的飲食。

停經後的女性，往往會有愛液不足的現象，所以性行為時偶爾會感到痛苦。這時，不妨利用唾液、乳液或橄欖油等潤滑劑作為補助，便可使性生活轉趨順利。

如果長期禁慾的話，陰道會萎縮而導致性行為困難，所以，應繼續從事與此年齡相對應的性生活，這對於心理上具有返老還童的效果。

## ◉雙方都不熟練時的愛撫法

性愛是男女兩方面的事，年輕、經驗不足的雙方會不知從何著手，這是實情。女性方面，如果希望他作出什麼動作時，不妨率直地告訴他，這很重要。已然熟稔的雙方，坦白對他有所要求，這應該不成問題。如果還不太熟，感覺他的愛撫令自己產生快感時，就要以腰部或身體的動作、表情、眼神、聲音等，在別太誇張的程度下向他表白。

性愛的變化可謂多采多姿，經驗的累積，一定可促使他的技巧臻於圓熟，而能投汝所好。

妳當然也要研究，儘早知曉他的喜好，否則，就不容易體會性的樂趣。

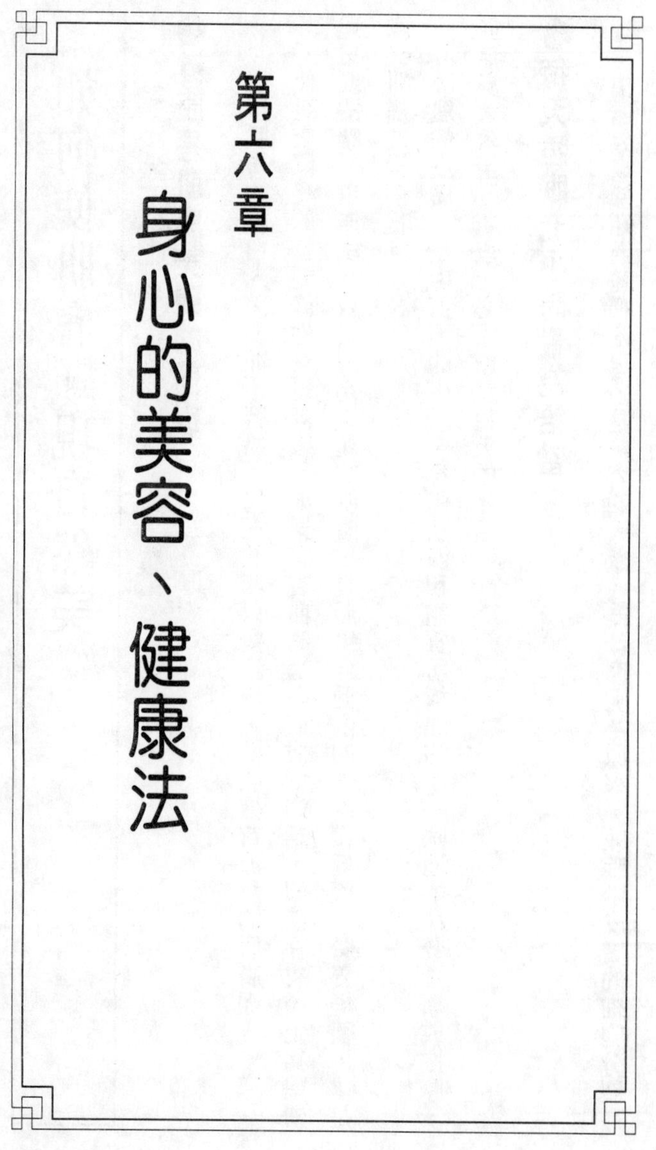

# 第六章　身心的美容、健康法

# 如何使肌膚顯現自然美

## ●健康是肌膚美麗的前提

保持肌膚的細白、美麗並不容易，何況並非只要年輕，就能擁有漂亮的肌膚呢！使肌膚漂亮的首要條件就是健康。如果有貧血的趨向或便秘的話，即使在皮膚上猛塗營養霜或按摩，也無法奏效。因為美麗的肌膚，是產生自體內的。內臟健康、營養均衡，才是漂亮肌膚的大前提。

美麗的皮膚，是由每天的生活、身體狀況和體質所構成的。一味地塗抹營養霜或按摩，並無多大效用。所以，必須留意每天的生活。

## ●每天睡眠七小時最為恰當

相信大家都知道睡眠不足，是美容的大敵。為什麼呢?原來，睡眠中皮膚的細胞分裂最為活潑。亦即睡覺時，年輕、充滿活力的細胞會產生，新皮膚是在夜晚生成的。

這麼說，睡得愈久，皮膚就會愈漂亮了?不，那是錯誤的觀念，睡得太久反而是美容的大敵。睡得太久會產生慵懶、疲倦感，頭會昏昏沈沈的，而容易導致便秘。皮膚會鬆弛而失去張力，亦即身心所必要的緊張全無。

睡眠時間以七小時最為適當，超過的話，就會有百害而無一利。

該怎麼做才正確呢?有很多人不知道，對皮膚最有益處的睡眠時間是晚上十點到深夜兩點，因為這時皮膚的細胞分裂最為活潑。

這段時間是睡眠的最適當時刻。有人睡得再多，臉上也了無生氣，這大多是起因於熬夜，錯過了大自然所賦予的最佳睡眠時刻之故。

晚上十點到深夜兩點，是皮膚細胞分裂最活潑的時刻，這段睡眠時間千萬別錯過。

## ●對美容有益的沐浴法

當妳感到疲勞或緊張時，洗一下澡，就會倍覺清爽，判若兩人。沐浴不僅能去除皮膚表面的污垢，更可促進細胞的新陳代謝。

或許有人認為，沐浴，那還不簡單！這就錯了，其中大有學問在呢！

**攝氏四十度～四二度是最適宜的浴水溫度**

太熱的水，對皮膚刺激過強，並不適合。半溫的水，由於無法使毛細孔充分張開，體內的廢物不易排出。所以，一般說來，攝氏四十度～四二度是最適合的水溫。泡得太久，會增加心臟的負擔，這一點也要注意。

**肥皂的正確使用法**

妳是否認為肥皂用得愈多，皮膚會愈漂亮呢？這種觀念也不正確，因為皮膚需要適度的油分，如果使用肥皂過度的話，滋潤皮膚的油脂就會喪失殆盡。同時，過分的刷洗也會傷及皮膚。有些瑜伽老師甚至主張洗臉不要用肥皂呢！

然而，不使用肥皂入浴或洗臉的生活方式，實在教人難以想像。再怎麼說，肥皂都是清除污垢的最簡便用品。因此，洗臉或沐浴時，不妨抹適度的肥皂，輕輕按摩、擦洗吧！

**入浴後別忘了最重要的冷水法**

入浴後，肌肉會鬆弛，毛細孔也會完全張開。但就這樣從浴盆起來的話，並無法收到美容的效果。最後再來一下冷水淋浴，才是最恰當的沐浴法。因為這麼做能使原本鬆弛的肌肉收縮，提高皮膚的緊張感，使肌膚更加光澤。欲出浴盆時，淋一下冷水，毛細孔會倏然收縮，還可收防止體溫散逸之效。

# 便秘和面皰的消除法

## 治療便秘

### ●便秘是女性健康上苦惱最多的宿敵

雖然身體上並沒感到什麼不對勁，但情緒卻不安定，甚至有噁心、頭痛的現象。攬鏡一照，發覺皮膚予人不潔的感覺，這主要是由於腹中積存太多廢物之故。若能把這些廢物排出體外，相信妳就會倍覺神清氣爽。不能讓便秘長久困擾妳，積極地擊退它吧！

**早晨醒來立刻喝杯冷飲**

清晨起床，腸尚未完全甦醒，這時不妨喝杯冷開水或冰牛奶，給予刺激，便可促進腸的蠕動，引起便意。牛奶有少許瀉藥的作用，對付頑固的便秘頗有用處，但如果不是的話，則會導致下痢，必須小心。

**養成良好的如廁習慣**

早上大多是忙碌的時刻。如果很有規則，快吃、快便的人那就無所謂。可是，對有便秘傾向的人來說，可就無法等閒視之了。哪怕晚上很晚才能回家，也不管有無便意，總要養成一天一次上大號的習慣，才能徹底清除腹中的廢物。最初或許無法順心如意，但最後妳一定會訝異於此一習慣的妙用。積存於腹內的廢物，該排出的必定會排出。

**不可忍便**

女性便秘的最大原因，據說是忍便所致。如果經常忍便，直腸粘膜便會產生鈍感，而終至無法引起便意，就會變成頑固的便秘。所以，一旦有便意，就要輕鬆地去如廁。

**治便秘有效的食物**

相信大家都聽過「纖維質」這個名詞。蔬菜、水果、海藻中便含有多量的纖維質。纖維質會刺激大腸粘膜，促進排便。所以，容易便秘的人，飲食時一定要多攝取蔬菜或海藻類。

預防面皰要注意臉上及肌膚的清潔

**鍛鍊腹肌**

如果運動不足，大腸的機能也會減弱。尤以腹部肌肉乃支撐內臟的重要部分，如果力量鬆弛的話，整個內臟就會產生下垂感，腸的功能也會變壞。所以，應該好好地加以鍛鍊。

## 消除面皰的方法

**●預防面皰**

只要治好便秘的話，就可跟皮膚上的疙瘩說再見。但面皰卻不這麼簡單，它並非廢物引起的，而是起因於皮脂分泌過多。

這時，臉上的清潔極為重要。要充分攝取

新鮮的蔬菜和水果，避免油膩或甜食。要留意不使化膿，否則會留下疤痕。

## 巧妙地展現內在魅力的方法

### ●讓性感自然地流露

性感究竟是什麽？那實非三言兩語可以形容的。有人說「由於它若隱若現，因而引人」，「不讓人家看，所以人家愈想看」，這就是所謂的性感。其實，相反的，性感必須公諸於大衆，才有意義。

例如，讓酥胸半裸的衣服，或使粉腿若隱若現的開高叉旗袍等，均足以表現女性的性感。總之，就看得見或看不見的角度而言，完全隱藏或大膽暴露都不適宜。因為那無法令人產生緊張感。若隱若現，若即若離的飄忽感，才能發揮性感之極至。

不僅如此，更重要的是性感必須由內裡自然流露，才不失高雅。

### 讓妳變得更美

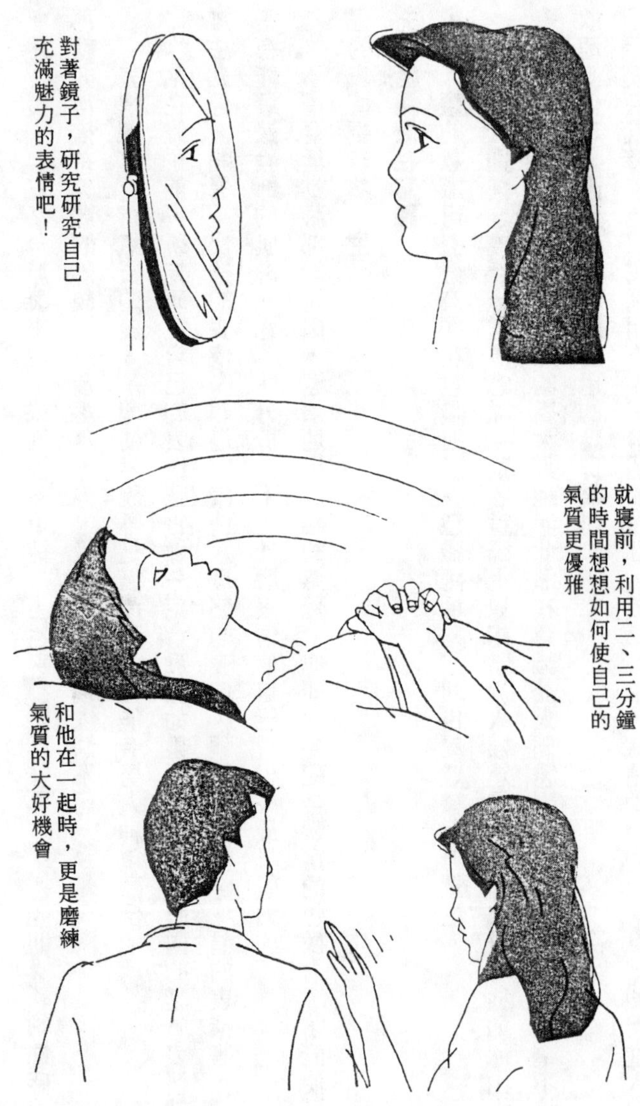
對著鏡子，研究研究自己
充滿魅力的表情吧！
就寢前，利用二、三分鐘
的時間想想如何使自己的
氣質更優雅
和他在一起時，更是磨練
氣質的大好機會

「美人」就某一意義來說，或許極為單純——只要外貌姣好就行了。然而，談到性感，那就非得擁有美麗的外貌，以及落落大方、吸引人的萬種風情不可。

表情豐富，有氣質的美人，即使外貌不是挺漂亮，也能令男人神魂顛倒。站在鏡子前，研究研究自己的表情吧！妳一定會發覺如果不使用臉部肌肉的話，表情就無法充分被開發。快樂的表情、悲傷的表情、發怒的表情、靦腆的表情、吃醋的表情等，這些都能鍛鍊臉部的肌肉。妳不妨分析一下，什麼表情使自己看起來最具魅力。

不僅要活動臉部的肌肉，還須運用內心的感覺，亦即還要配合豐富的想像力，才能使自己的表情更自然、生動。

**充分活用潛在意識**

人類的意識可概分為顯在意識與潛在意識兩種。亦即自覺意識與無意識。一般人則稱之為意識與潛意識。前者實際上只相當於人類意識的一小部分，猶如冰山之一角。其下還有一片潛在意識的廣大天地。此潛在意識於人們睡眠時，亦二十四小時毫不停歇地工作著。因此，不加以活用的話殊為可惜。

夜晚就寢前，只需利用二、三分鐘的時間，放鬆心情，使精神集中於一點，便可進入瞑想的境界。

「我的體內有官能性的磁力滿溢著。」

就這樣，宛如雌性動物一樣，散發出自身的魅力。幻想著自己有令男性既愛又憐的特殊氣質，這對於豐富表情頗有助益。

這種「幻想」一旦進入潛意識世界的話，就會促進荷爾蒙的分泌和自律神經的作用。只要對自己的魅力有自信的話，久而久之，妳便會真的擁有誘人的魅力。

**微妙的接觸**

當他伸手搭在妳的肩上，或拂去妳衣領上的頭髮時，是否曾令妳怦然心動，或羞澀地低下頭來呢？這時，他也會微妙地產生「男子漢」的意識。妳們的感情往往會因此而增進不少。

向對方說聲「早安」，並倏地在他背上輕拍一下，或是拉住他的襯衫袖子叫他「等一等」，妳若無其事的這些小動作，會令他感到欣喜，妳知道嗎？要記住動作要自然，否則會產生反效果。性感的女孩，便是會靈活運用這類微妙接觸的「壞女孩」。

# 健美、瑜伽特集

## 使妳身材窈窕的瑜伽

（駱駝的姿勢）

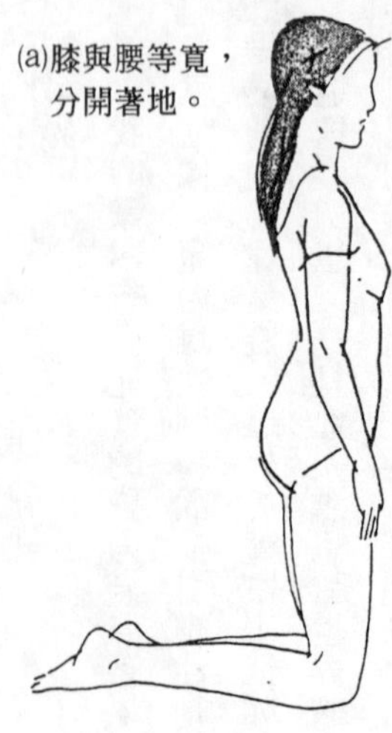


### ①豐胸、美臀

駱駝姿勢的效果

能使妳的胸部高挺，又可消除臀部脂肪，使身段看起來更優美、動人。由於能促進腸的蠕動，兼具消除便秘的效果。

做　法

a.膝與腰等寬分開著地，手插腰。

(b)手插腰，上半身慢慢地向後仰。

(c)頭後仰、挺胸，
雙手握住腳跟。

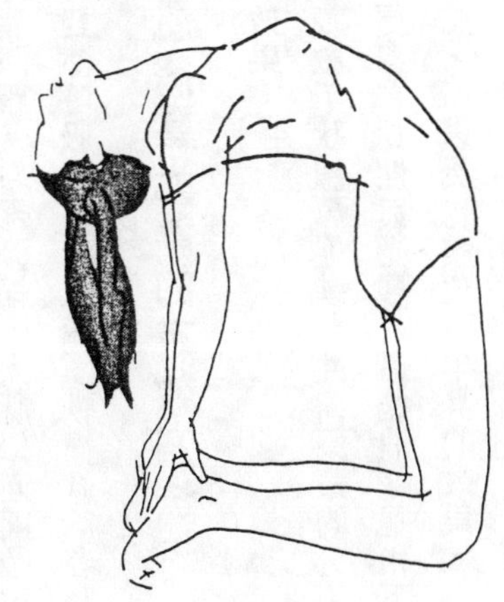

（鋤的姿勢）
⒜兩腳併攏、仰臥。

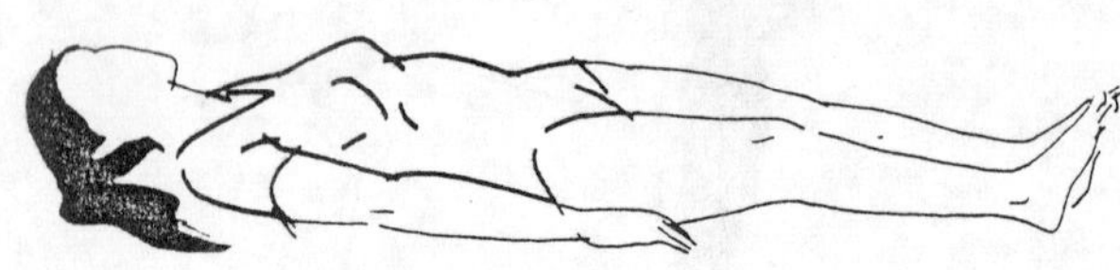

b.手從腰部沿著兩腿往下滑動，吸氣後，上半身慢慢地向後仰。

c.頭向後仰，挺胸，靜靜地吐氣，雙手各抓住兩個腳跟。臀部緊縮，大腿似向前凸出般靜止，自然呼吸三十秒之後，恢復a的姿勢。

## ②使肌膚富光澤的有效方法

**鋤姿的效果**

能刺激甲狀腺，促進女性荷爾蒙的分泌，使皮膚更富有彈性與光澤。還能消除腿和下腹部的脂肪，所以具有美化下半身的效果。

**做法**

a.兩腳併攏，仰臥。

b.邊吐氣邊把兩腳舉高至與地面垂直。這

(b)邊吐氣邊將兩腿高舉
至與地面垂直。

(c)腳尖貼地並遠離頭部。

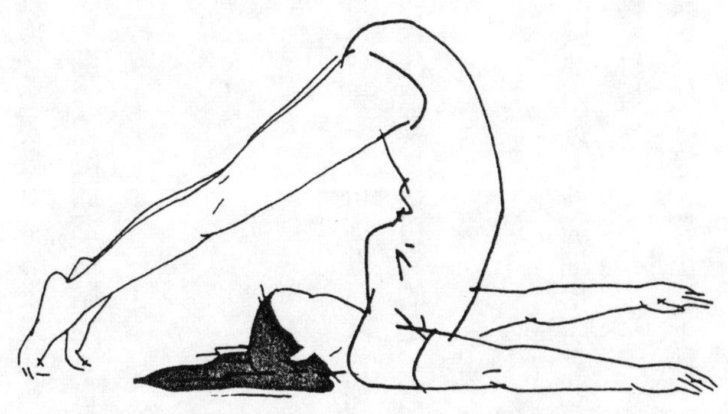

（立肩的姿勢）

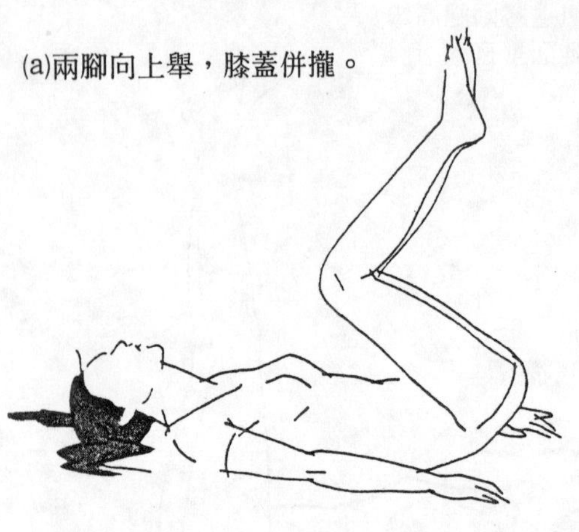

(a)兩腳向上舉，膝蓋併攏。

時膝和腳跟腱必須伸直。

c.身體呈直角之後要吸氣，然後邊吐氣邊提起腰部，最後使腳尖遠離頭部而貼地。自然呼吸，靜止三十秒。

## ③減肥瑜伽

### 立肩姿勢的效果

對減肥有特殊效果，又可促進新陳代謝，是能保持青春的最佳運動。更可喜的是，它還具有美膚的效用。

### 做法

a.手垂放於腰部兩旁，靜靜地抬起雙腳。這時，膝蓋要儘量併攏。

b.伸直膝蓋，自然呼吸、靜止三十秒。

(b)伸直膝蓋

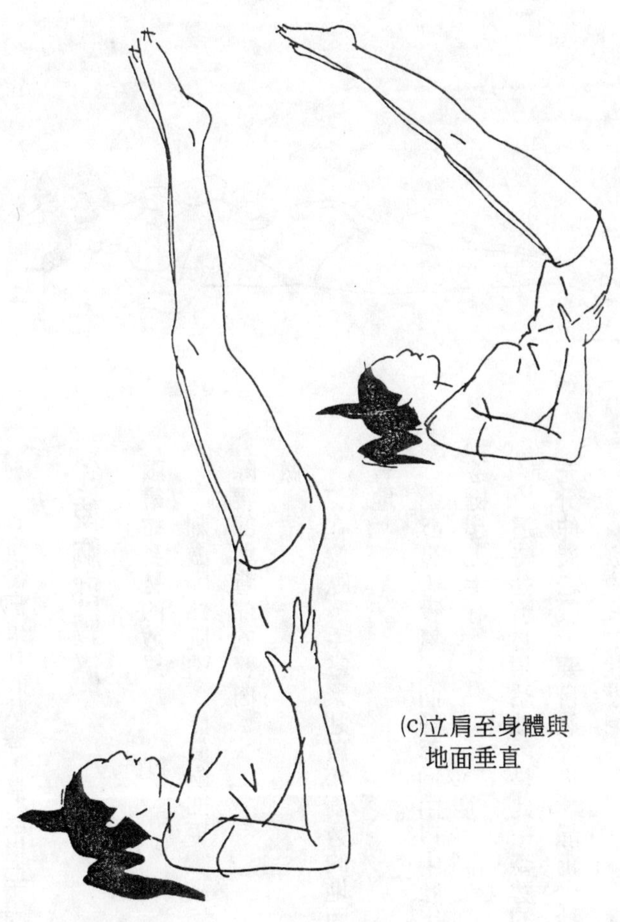

(c)立肩至身體與地面垂直

（眼鏡蛇的姿勢）
(a)俯臥，手掌分置於肩膀兩旁的地面。

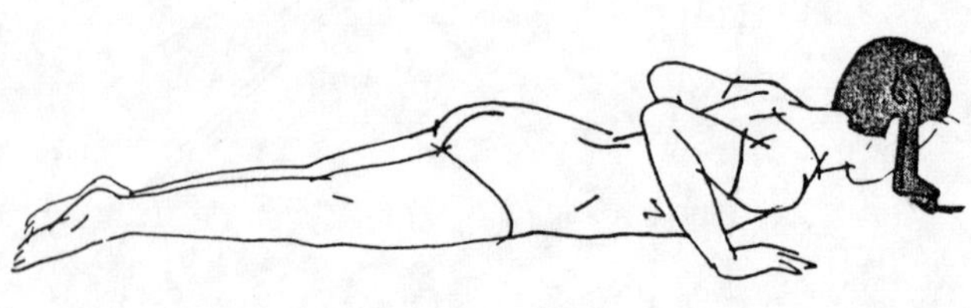

c.慢慢恢復a的狀態，最後再把兩腿放下。

## ④使胸部豐滿

**眼鏡蛇姿勢的效果**

刺激胸部肌肉，能使胸部更豐滿。又可消除腰部與背部的贅肉。

**做法**

a.俯臥，手掌緊貼肩膀兩旁的地面。下巴著地。

b.鼻子吸氣，而靜靜地由口中吐出，同時邊挺起上半身。

這時肚臍必須貼地，是此一姿勢的要點。充分伸展之後，要自然呼吸、靜止十秒鐘。

c.恢復a的狀態。

⒝邊吐氣邊挺起上半身。

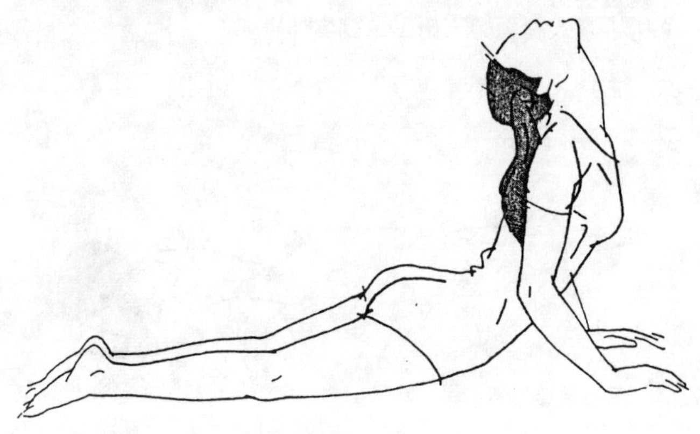

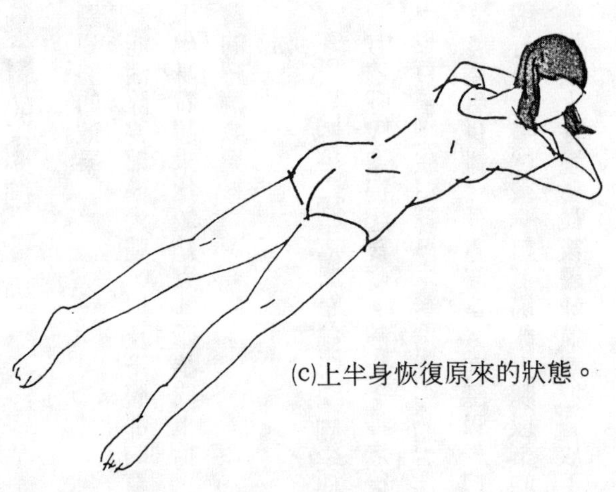

⒞上半身恢復原來的狀態。

## ⑤豐臀的瑜伽

**蝗蟲姿勢的效果**

能消除臀部、大腿，以及下腹部的贅肉，使下半身看起來比較結實。兩腿向上抬，具有豐臀的超群效果。

**做　法**

a.下巴貼地，兩手置於大腿下，腳尖伸直。

b.邊呼吸邊提起雙腿。靜止十秒鐘後放下。（也有單腳左右交替，重複做兩次的方法）。

c.兩腳併攏，伸直腳掌。在深吸一口氣後，稍一停止，然後一口氣提起大腿以下的下半身，靜止十秒鐘。最後邊吐氣邊把腿放下。

**（蝗蟲姿勢）**

(a)兩手置大腿兩旁，俯臥，腳尖伸直。

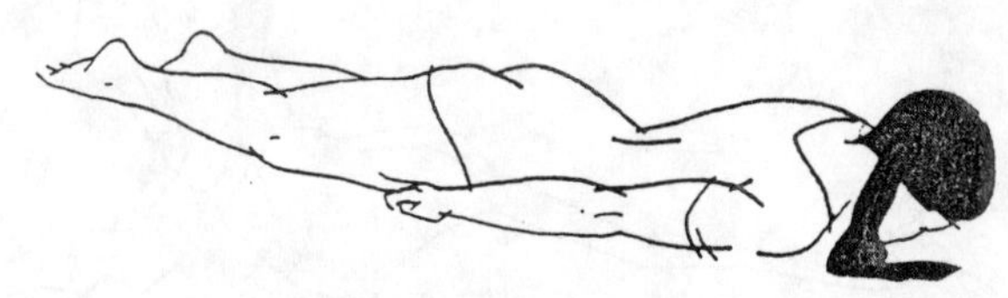

⒝把伸直的兩腿往上提

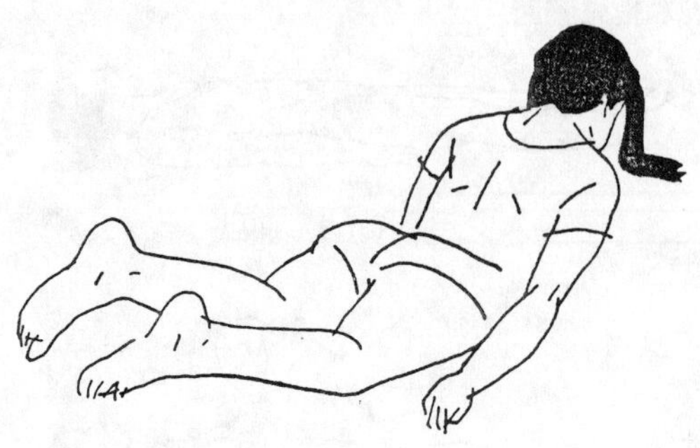

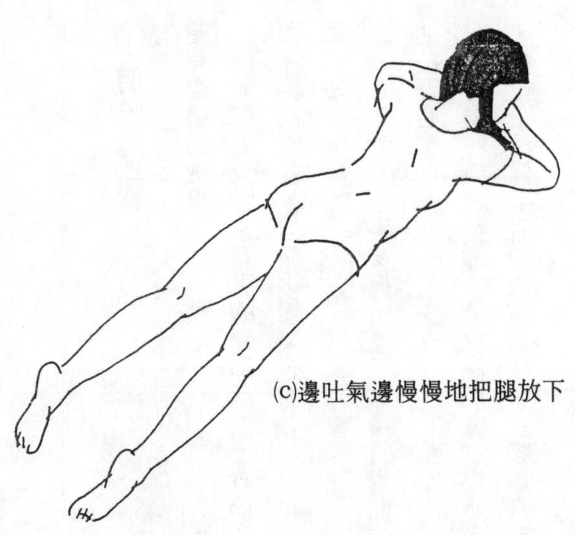

⒞邊吐氣邊慢慢地把腿放下

# 促進健康的瑜伽

## ①消除便秘

**胎兒姿勢的效果**

能促使大腸、直腸的蠕動活潑，有助於頑固便秘的消除。對腹中鬱氣也有效。

**做法**

a.仰臥，兩手交握，邊吸氣邊將彎曲的右膝拉近腹部。

b.邊吐氣邊抬頭，使臉貼膝蓋。自然呼吸、靜止十秒鐘。右腳恢復原狀，左腳重複做一次。

（胎兒姿勢）

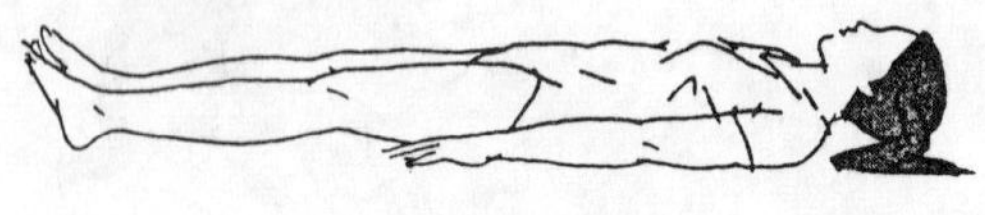

(a)-1　仰臥

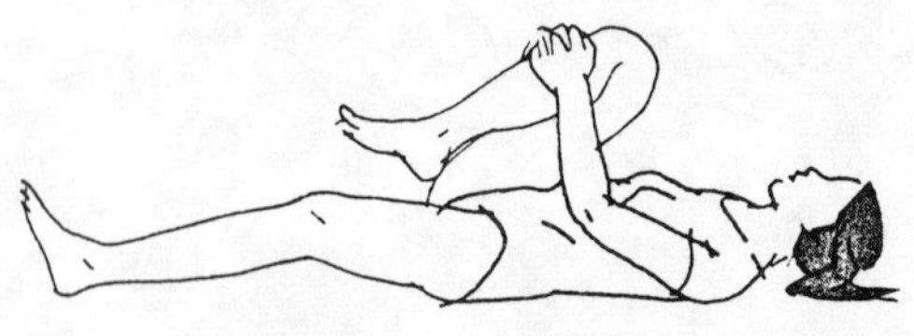

(a)-2　兩手交握，抱住彎曲的右膝。

(c)抱住兩膝，將其往腹部拉。

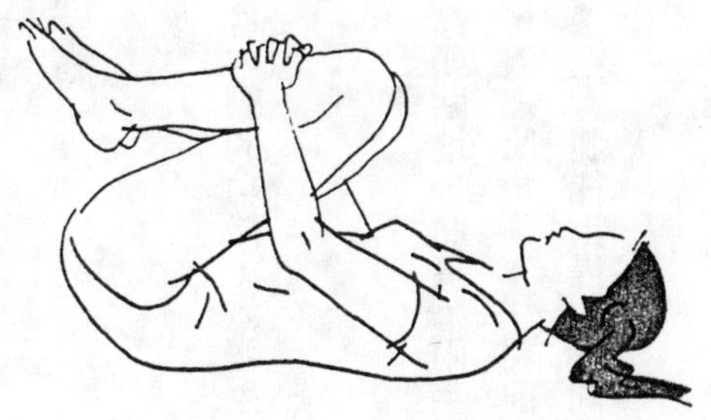

(d)抬起頭，使臉貼膝蓋。

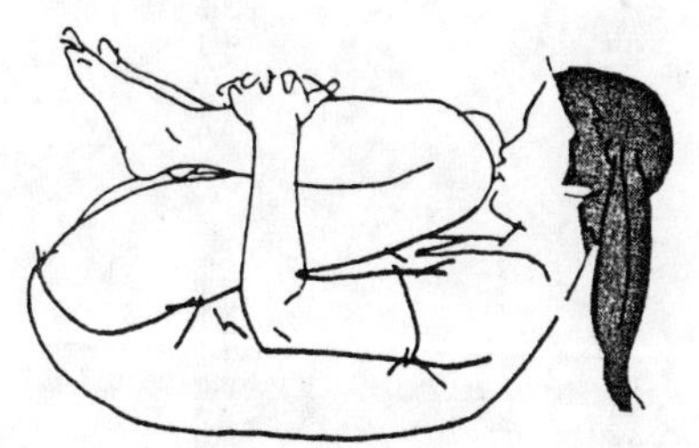

c.兩手抬兩膝，邊吸氣邊將其往腹部拉。

d.抬頭、拱背，邊吐氣邊將臉拉近膝蓋，自然深呼吸，然後靜止十秒鐘。

## ②消除生理痛

**弓狀姿勢的效果**

可促進骨盆內側的功能，減輕生理痛。對肩酸、胃下垂也有效，還具有豐胸、美臀的作用。

**做　法**

a.俯臥，額頭貼地，曲膝，兩手抓住兩腳踝。

b.邊吸氣，邊把臉抬高，注視前方。

c.邊吐氣邊把大腿往上提起，同時要挺胸，高舉下巴，使身體呈弓狀，自然呼吸、靜止三十秒。

## ③能革除賴床的習慣

**早起姿勢的做法**

a.仰臥，腳尖併攏、伸直，深深吸氣。

b.兩肘用力，頭儘量向後仰，使下巴、胸部凸出，腳尖朝上，腳跟腱充分伸展。

c.腳跟離地約二十公分，使大腿以下的身體懸空，以頭頂、手肘和臀部三處支撐體重。

d.停止呼吸，儘量持續久一點，然後邊吐氣邊恢復原來的姿勢。

## ④消除貧血現象

**雲雀姿勢的效果**

有促使骨髓功能活潑的作用，能改善血液循環，袪除體內淤血，對於有貧血煩惱的人來說，是一大福音。

**做　法**

a.跪著，腰和大腿必須挺直。

b.彎起左膝，腰部緊貼腳跟，同時將右腳向後伸出。

c.兩手左右張開，邊吸氣邊慢慢地將胸部往後仰。然後吐氣，放下雙手，使上半身恢復

（弓狀姿勢）

(a)俯臥、曲膝，兩手抓住兩腳踝。

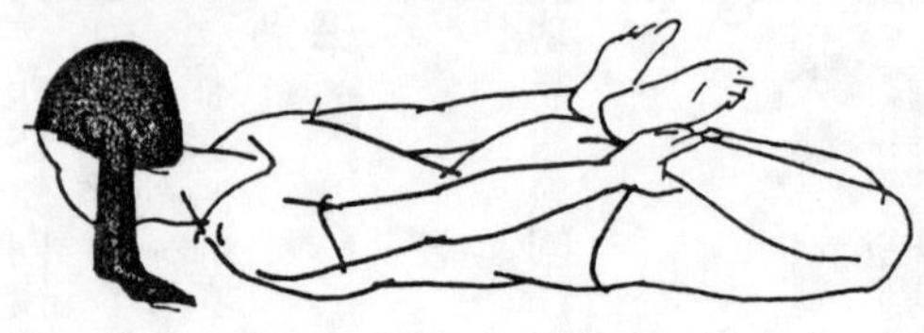

(b)抬頭，注視前方。

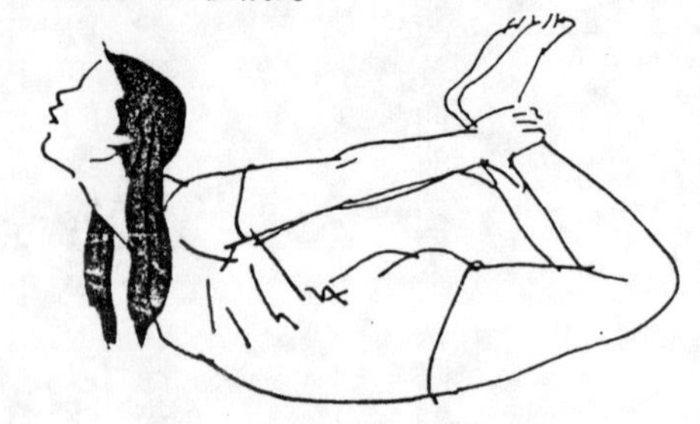

（早起的姿勢）

(a)仰臥，腳尖併攏、伸直。

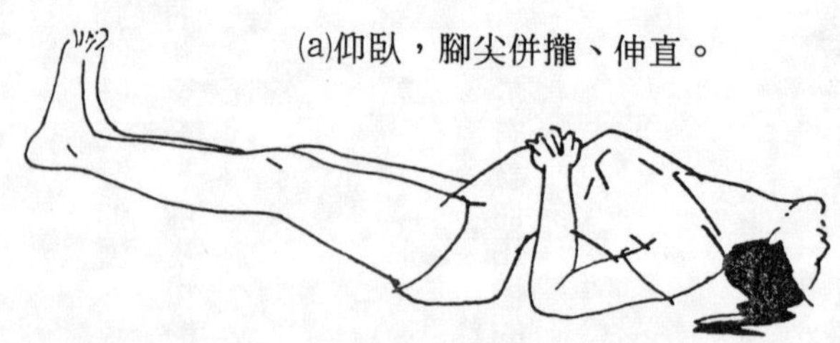

(b)下巴、胸部凸出，腳跟離地約二十公分。

（雲雀姿勢）
(a)跪著，腰要充分伸直。

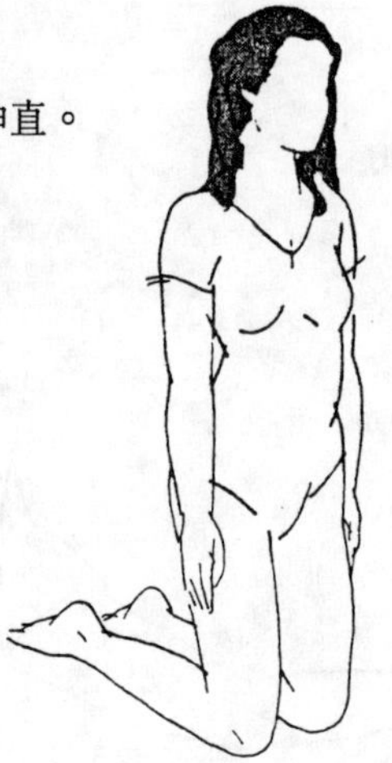

原狀。

d.換另一隻腳，重複同樣的動作。

## ⑤消除萬病的瑜伽

**倒立姿勢的效果**

能消除生理痛、內臟毛病、貧血，以及頸重等現象。臉色會變好，使頭腦更加靈活。做時不要超過三分鐘。

**做　法**

a.兩手交握，抱住頭部。

b.把重心移到頭部，兩肘用力，腳就會變輕而離開地面。

c.保持曲膝的狀態，大腿須離開腹部，以取得平衡。

(b)左膝彎曲，同時將右腳向後伸出。

(c)兩手左右分開，使胸部向後仰。

（倒立姿勢）

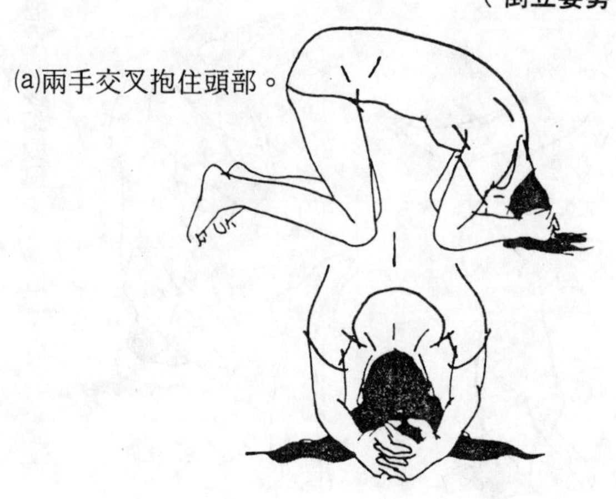


d.腳尖向上伸直。要恢復原狀時須先曲膝，使大腿逐漸靠近腹部，儘量在接近臉的地方把腿放下。

e.膝蓋貼地，將額頭置於重疊的拳頭上，以此姿勢進行十～三十秒緩慢的自然呼吸，使原本聚集於頭部的血液分散至各處。

(b)把重心移到頭部。

(c)保持曲膝的姿勢，使大腿離開腹部。

(d)腳向上伸直。

(e)膝貼地，把額頭置於重疊的拳頭上。

# 能使妳散發出性魅力的瑜伽

## ①使陰道緊縮，提高性感

**吉祥姿勢的效果**

此姿勢能刺激肛門和陰道的括約肌，提高伸縮性，使妳充滿性魅力。能促進女性荷爾蒙之分泌，可使腰部線條優美。更可強化自律神經，治療失眠症，效果非凡。

**做法**

a.腳掌合併，將腳跟拉近會陰部。

b.兩手壓兩膝，逐漸接近地面，自然呼吸

（吉祥姿勢）

(a)腳掌合併，將腳跟拉近會陰部。

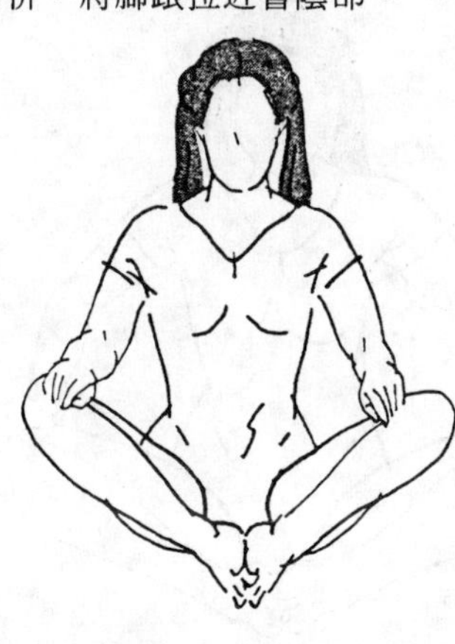

⒝兩手壓兩膝，使逐漸接近地面。

⒞兩手抓住兩腳拇趾，身體左右晃動的變化姿勢也很有效。

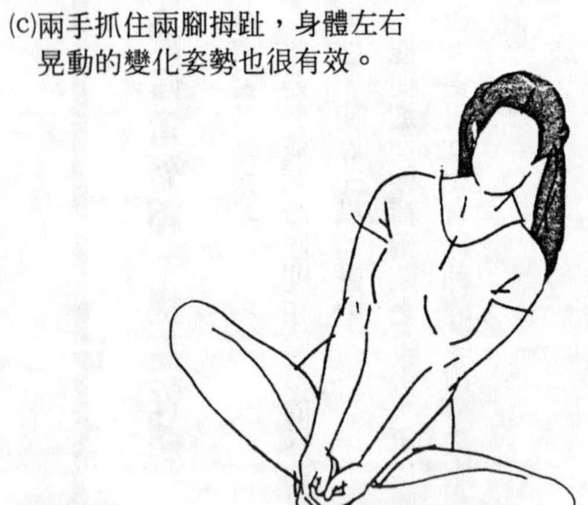

（魚的姿勢）

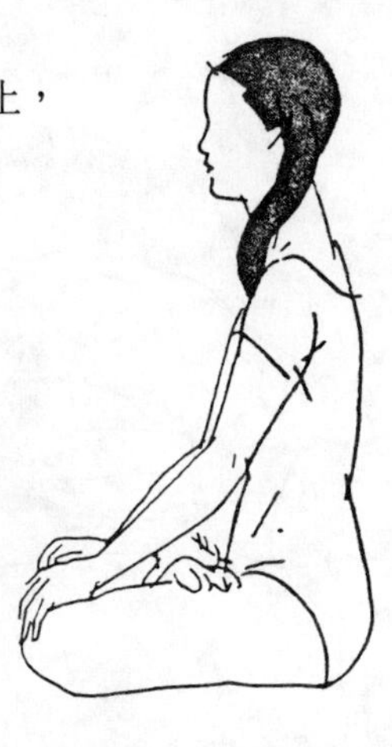
(a)腳掌置於大腿上，盤腿而坐。

四次（吐氣時向下壓，吸氣時則放鬆）。

c.變化的姿勢為，以兩手抓住兩腳拇趾，身體左右晃動，效果也很好。

## ②使乳房豐滿，提高生殖器的功能

**魚的姿勢之效果**

能刺激頸、背神經，間接加強荷爾蒙之王——腦下垂體的功能。腦下垂體與乳房和生殖器的發育，關係密切，所以，這種動作有豐胸及促進子宮、卵巢功能的效用，能使妳變得更明艷照人。還可抑制肥胖，使肌膚白嫩。

**做　法**

a.腳掌置於大腿上，盤腿而坐。

⒝兩肘著地，身體緩緩地向後仰。

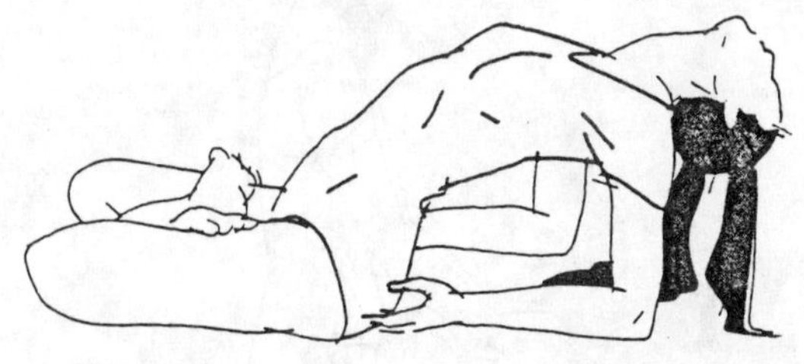

⒞頭頂貼地，使背部呈拱狀。

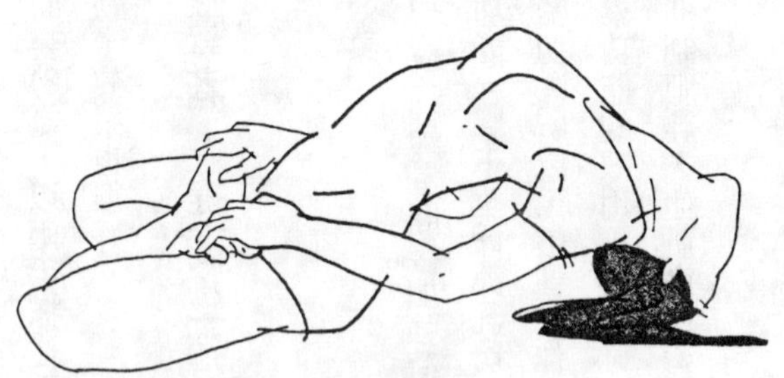

（橋型姿勢）

(a)仰臥，手分置於大腿兩旁。

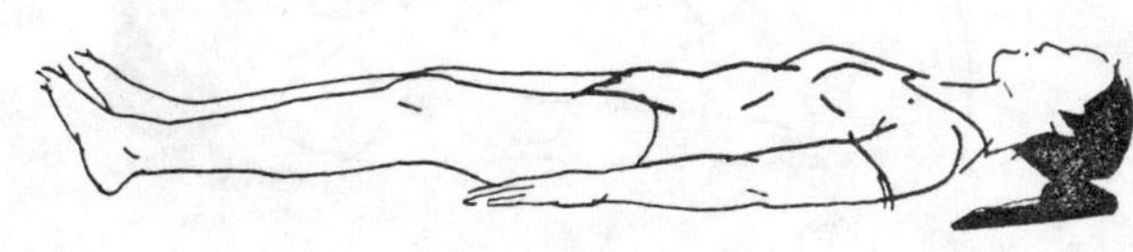

b.兩肘著地，使身體緩緩地仰臥。

c.頭頂貼地，下巴向外伸展，使背部呈拱狀。

d.自然呼吸，靜止十秒鐘。

## ③促進荷爾蒙平衡

**橋型姿勢的效果**

能夠促進全身血液的循環，尤其是能提高骨盆內性腺的功能，使妳更有女人味。又可去除贅肉，緊縮腰部，對美化臀部曲線更有超群的效果。總之，能使妳的肩、背、臀、腳的曲線更加優美。

**做法**

a.仰臥，手分置於大腿兩旁。

(b)立起兩膝

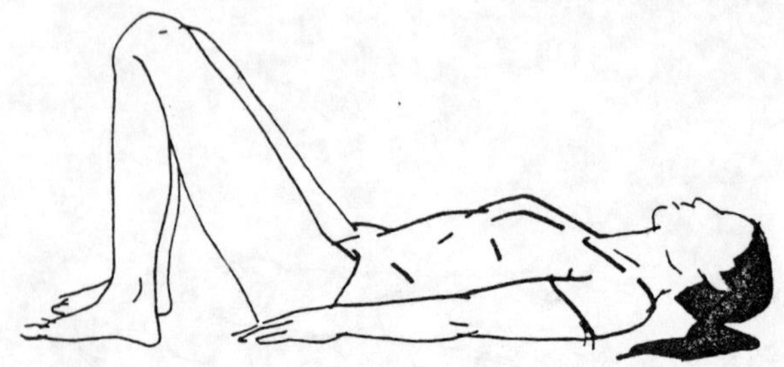

(c)抬起背部和腰

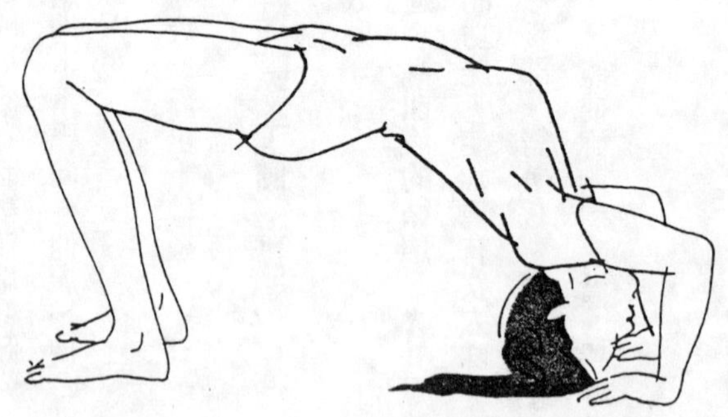

b.立起兩膝，使腳跟靠近臀部。

c.抬起背部和腰，做三～四次深呼吸。

## 美容、健康問答

### ◆腿的內側微黑

問：皮膚雖白，但大腿根部微黑，顯得很不調和。

答：大腿內側及性器周圍，由於荷爾蒙的影響，黑色素容易增加，這是體質的一種，不必太在意。不過，如果內褲束得太緊，也會引起色素沈澱，所以應更換不緊的內褲。

### ◆消除眼圈凹陷

問：我的眼圈很容易凹陷，尤其是性愛的隔天更加顯著，真令人擔心。

答：眼圈凹陷，是起因於血液循環不好。睡眠不足、極度疲勞或生理中較容易出現這種情況，性行為並非直接原因。

然而，如果性行為過度，就會導致疲勞或睡眠不足，這點須注意。一旦有這種現象，不妨輕輕在眼圈周圍按摩，或做做輕度的全身柔軟體操，相信必能很快地消除。

## ◆消除生理前的臉部浮腫

問：生理期接近時，臉就會浮腫，不知如何是好？

答：生理前後的浮腫，主要是由於女性荷爾蒙分泌活潑之故。對策為不要吃太鹹，也不可攝取太多水分。飲用有利尿作用的咖啡或濃茶則無大礙。

## ◆指壓有助於消除便秘

問：我聽說按壓某一穴道可消除便秘，是真的嗎？

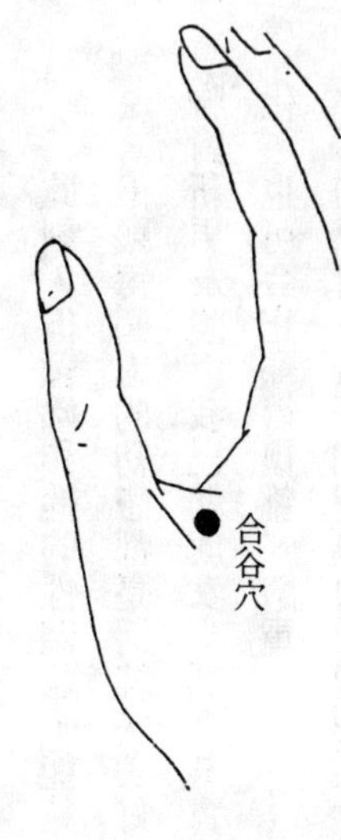


答：手上的確有與消化器息息相關的穴道——合谷穴，就在拇指與食指之間像蹼的地方。按壓此穴，對美化肌膚也有非凡的效果。

其他，腳或骨盆後側也有，只要是適合自己的地方，都不妨按按看，研究研究。

## 由少女蛻變而為女人——為美好的人生乾一杯吧！

從嬰兒到女孩，在第一次生理來潮之後，妳由少女蛻變為女人的日子便會逐漸接近。初次的性體驗，妳有幾分自己已成為女人的意識呢？妳青梅竹馬的玩伴，和妳一樣，在內體與思想上都迥異往昔，相信這點妳已經瞭解。在遽然窺得成人世界之後，或許離別的日子就會來到，不過，請別哀愁，那正是妳由少女蛻變為女人的妙藥呢！

此刻，但願妳和他的性體驗，能夠在妳腦海中烙下美好的回憶。

但願每個人的初戀都是清純、美好的，因為它能影響往後的生活方式。妳能挺胸對新男友說「我已非處女」嗎？其實，視雙方抱持什麼態度，能使貞節問題單純化，也可令它顯得複雜、嚴重。

初戀時，最好別認為自己已認識性，而要視之為性的開始，企盼每個人的未來都充滿希望。

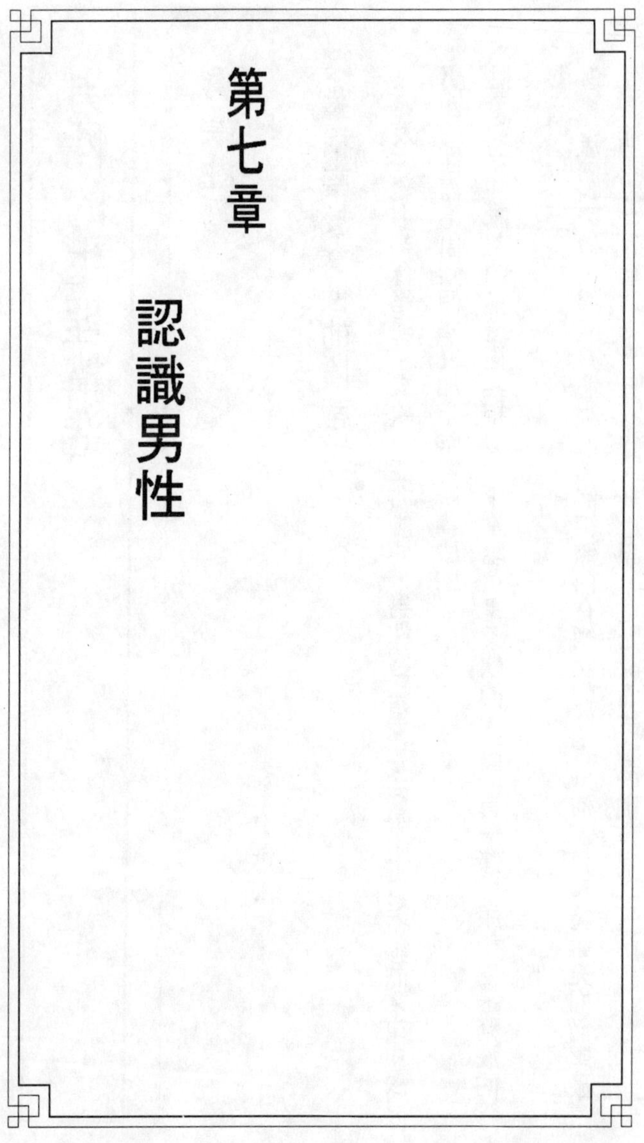

# 第七章　認識男性

# 男性的生理構造

## 男性性器

### ①陰莖相當於女性的陰蒂

會變大、變小，會堅硬、柔軟，能曲能伸，男性的陰莖在女性眼中真是奇妙而不可思議。

男性的性器是由兩個睪丸加上陰莖所構成的。

陰莖與女性陰蒂的構造極其相似。平常陰莖是柔軟的，內部有一條排尿和輸送精液的管子。

這條管子叫尿道，周圍有海綿體。海綿體內有網狀的血管分佈，興奮時會充血而堅硬。

陰莖前端狀似烏龜頭部，所以被稱為龜頭，是光滑而敏感的地方。

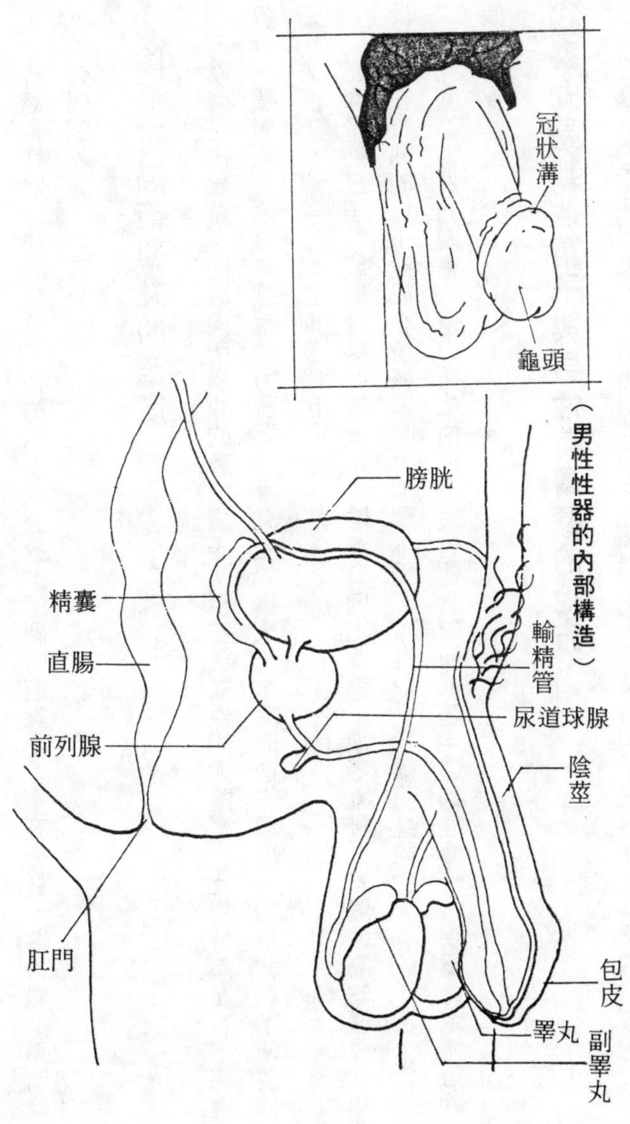


（男性性器的內部構造）

普通柔軟狀態時的陰莖，長約六～八公分，堅硬時則為十～十五公分。這當然是平均值，會有個別差異。

## ②陰囊可調節睪丸的溫度

陰囊是由陰莖下的肌肉所構成的膚狀袋子。相當於女性的大陰唇。此袋分為左右，每邊各有一個睪丸，陰囊有讓耐熱力脆弱的睪丸處於攝氏三十度的適當環境的功用。為了便於伸縮，表面上有皺紋，顏色則為暗褐色。

在寒冷的日子，或受驚嚇而緊張時，陰囊會向上收縮，使睪丸接近溫度較高的體溫。相反的，在炎熱的日子裡或心情輕鬆時，則會下垂，睪丸似乎欲離開身體。

此處為男性的要害。用力抓或拍打會使男性驚嚇而躍起。遇到危急時，攻擊此處便可趁機脫逃！

## ③睪丸是製造精子與男性荷爾蒙的地方

陰囊內的兩個睪丸，其功能相當於女性的卵巢，是製造精子與男性荷爾蒙的地方。

睪丸長徑四～五公分，短徑二～三公分，呈橢圓形。大人的睪丸每個重約三十公克，通常是左邊的較重。

睪丸所製造的精子，先被貯藏於副睪丸。然後通過輸精管，在精囊獲得養分，而與前列腺的分泌液混合成精液，由尿道放出。

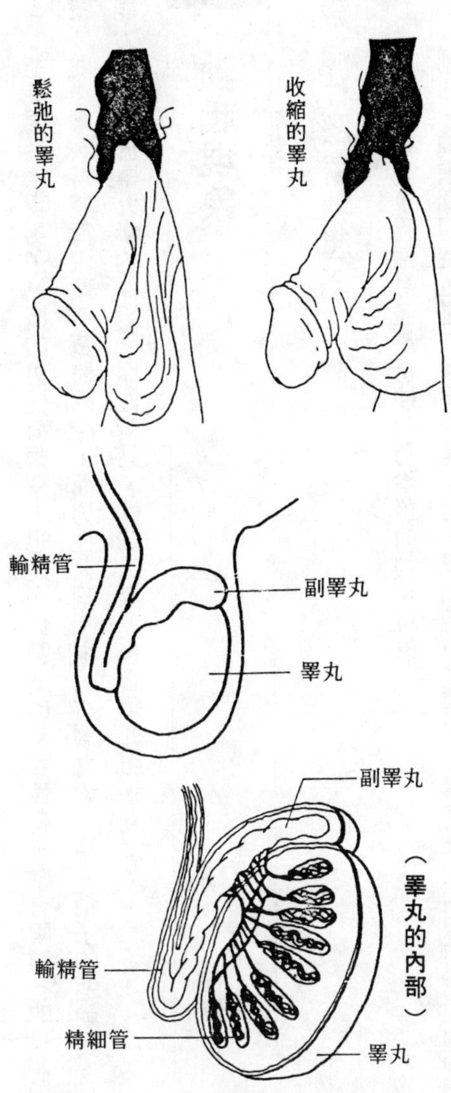

能使男性顯現男子氣概的男性荷爾蒙，也是在此製造的。女性荷爾蒙有兩種（卵胞荷爾蒙＝雌激素，黃體荷爾蒙＝黃體酮），而男性荷爾蒙則只有睪丸素一種。精子的運動與受精能力，來自於睪丸素的作用。而性衝動、性關係等，也必須仰賴睪丸素。

## 勃起現象

### ●為什麽會勃起？

對女性來說，男性身體最奇妙的乃陰莖的勃起現象。

例如，悄悄翻閱黃色書刊而想入非非時，或回想色情電影，看了女性的裸照，或聞到對方的體臭，或身體被推、擠時，都會產生性衝動，引起興奮。興奮最先產生於大腦皮質，然後像電光一般竄流過脊髓，到達陰莖。這時，陰莖的海綿體就會充血而堅硬，陰莖便隨之勃起。勃起是性行為不可或缺的要素。有人以為勃起是由於陰莖內有骨骼或軟骨，其實不然。

弗萊明右手法則，可作為陰莖勃起角度的參考。十多歲時相當於手掌張開時的拇指，二

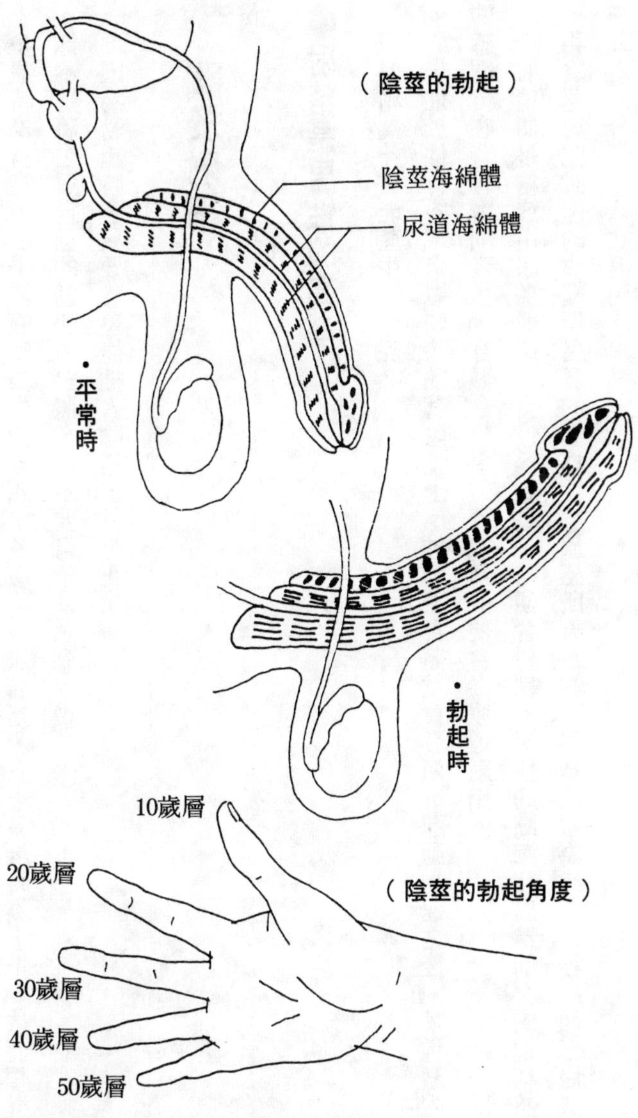
（陰莖的勃起）
陰莖海綿體
尿道海綿體
・平常時
・勃起時
10歲層
20歲層
30歲層
40歲層
50歲層
（陰莖的勃起角度）

十多歲時為食指，三十多歲時為中指，四十多歲時為無名指，五十多歲時為小指，依此類推。你不妨將之與自己的勃起力對照，但不要自豪或感到沮喪。

因為勃起時，只要陰莖能插入陰道，就是正常。

## 關於射精

### ●射精是男性的高潮

射精為什麼能產生快感呢？

男性於性行為或自慰時，隨著陰莖上下抽動，身體就會發熱，運動加速之後，某種激烈的感觸會在背骨瞬間產生，身體會痙攣，隨後精液便會從尿道射出。

射精便是精液由尿道射出，男性達到高潮時便會射精。男性的高潮乃射精前夕的迫切感，和陰莖周圍肌肉的收縮所引發的爆炸性解放感所導致的。射精通常為二～三秒，像三段式的火箭，分三～八次射出。

（男性的性反應曲線）

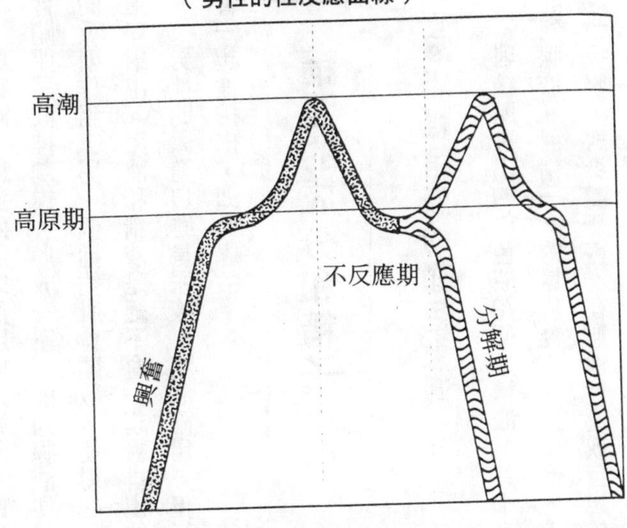


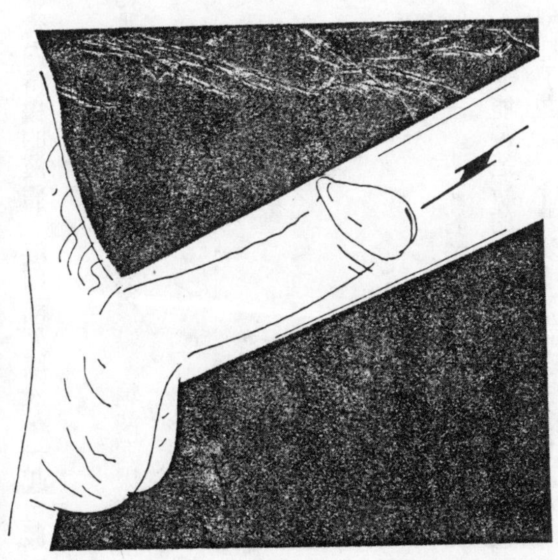

男性的高潮乃射精前夕的迫切感，和陰莖周圍肌肉收縮所引發的爆炸性解放感導致的

射精時，尿道內部的作用極其微妙。首先是性興奮開始之後，前列腺會充血，括約肌則會關閉尿液控制瓣，形成一室，前列腺液便是積存於此，此時陰莖會勃起至最高。隨著脊髓的反射作用，另一個括約肌會開啟，使得在射精管內待機的液體，混同前列腺液，一起自尿道口射出。尿液和精液是絕不會一起被排出的。

男性的尿道口雖是尿液、精液兩用，但括約肌卻有雙重，構造頗為複雜。精液與尿液不會一起被排出，即此緣故。

## 精液的成分和精子

### ①愈年輕精液的顏色愈濃

射精所排出的白色液體便是精液，其中有一%的精子，四%的精囊分泌液，和九五%的前列腺液。射精一次的量約為二～三cc。三～五天，便能製造新的精液。未放出的精液會被身體吸收，對身體無害。在無性行為或自慰的一段日子之後，會因夢遺等而自然排泄。

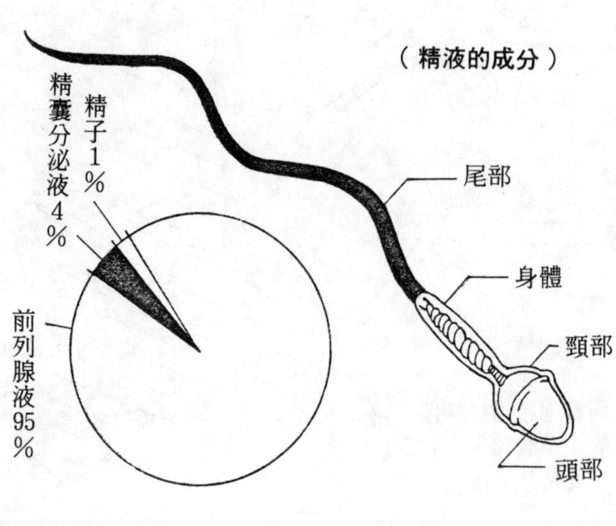


精液予人粘連的感覺，那是由於精液中含有粘液素之故。粘液素的主要成分是蛋白質，這也是精液帶粘性的原因，接觸空氣後，會像漿糊般凝固。通常，愈年輕顏色愈濃，粘性也愈強，隨著年齡的增加，會變稀而近於透明。精液有類似栗樹的味道。

## ②精子最喜歡子宮或輸卵管

精子和卵子結合便是有喜？精子全長〇・〇五公厘，狀似蝌蚪，有頭部、頸部和尾巴三部分。

一cc精液中，約含有一億個精子，射精後，會有二～三億的精子同時游向唯一的卵子。它們擺動著長尾巴，以時速十八公分的速度向

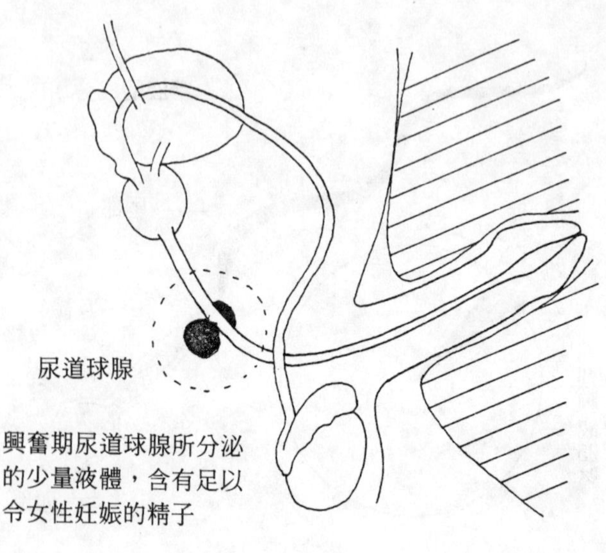


興奮期尿道球腺所分泌的少量液體，含有足以令女性妊娠的精子

前突進。途中較虛弱的就會被淘汰，只前面約百分之一的精子能到達，卵子會與其中最強壯的一個結合。

精子頭部分別含有「22＋x」成為女性的精子染色體，或「22＋y」成為男性的精子染色體，那是決定遺傳的因子。卵子則只擁有「22＋x」的染色體，視其與哪種精子結合，便可決定嬰兒的性別。

女性陰道內為弱酸性，子宮內為鹼性。精子最喜歡鹼性的環境，在子宮或輸卵管內能生存二～三天，以等待卵子。所以，荻野式的避孕方法並不可靠，由安全期進入危險期的日子更應小心。

順便一提的是，精子在陰道內能活半天，

而在空氣中則只能生存五、六個小時。

## ③尿道兩側的尿道球腺

男性產生性衝動時，前列腺下方，尿道兩側的尿道球腺就會分泌出少量的液體。雖然量極少，但分泌中卻含有足以令女性妊娠的精子。即使尚未射精，但有些較性急的精子卻已竄跑而出，所以，性愛途中使用保險套（若使用附有殺精子劑的保險套則另當別論），或採行陰道外射精的方式，一點兒也未能避孕。

原因便是尿道球腺作怪，使得保險套或陰道外射精的避孕方法失靈。所以，避孕時千萬要注意。

# 男性的性慾

## 夢遺

### ●夢遺乃無意識射精

夢遺是就寢時的無意識射精。

青春期時，早上醒來，突然感到內褲濕濕的，往往會令自己感到莫名其妙。相信每位男性都有這種經驗。

一般說來，男孩子第一次射精經驗來自夢遺的佔五〇%，自慰的佔四〇%。第一次射精叫作通精，相當於女孩子的初潮。無論是通精或初潮，均為男女成長為大人的證據，是可喜可賀的事。夢遺經常發生於青春期，所以，宛如在睡夢中成長爲大人。

然而，夢遺並非青春期的專利，成人也有夢遺的現象。例如，有很長一段時間沒有從事性行為或自慰，每天製造、積存的精液便會在睡夢中排出體外。這對大人來說，猶如作了一場春夢。

## 假性包莖與真性包莖

### ●假性包莖

孩童時期，男性性器通常隱藏於包皮中。到了青春期，隨著陰莖的發育，龜頭便會慢慢露出。若被包皮覆蓋，入浴時必須翻轉包皮，將之洗淨。龜頭應該很容易露出。成人之後，龜頭顏色會逐漸由粉紅變成微黑。

如果成人之後，有過多的包皮，使得龜頭只露出少許，或完全看不見，這就是所謂的包莖。包莖分為假性包莖和真性包莖。假性包莖，勃起時龜頭就會露出，對性交並無大礙。如果是真性包莖，由於龜頭發育不全，會有麻煩，所以最好儘早接受手術治療。包莖手術很簡單，不必害怕，請提起勇氣去找外科或泌尿科醫生吧！

包莖的話，包皮與龜頭之間很容易積存恥垢，放置不管就會使陰莖發癢，或產生異味，甚至於雜菌繁殖。假性包莖只要一翻轉包皮，龜頭就會露出，沐浴時，一定要用中性肥皂徹底清洗，以保清潔、衛生。

## 關於陽萎

### ●陽萎的原因及治療法

陽萎分為真性陽萎（如查泰萊夫人的丈夫之勃起不能）和假性陽萎（一般男性都會體驗到）。一般的陽萎大多屬於假性陽萎。真性陽萎的話，要找專科醫生加以診治，問題是，假性陽萎有逐年增加的趨勢。

煙酒過多所引起的假性陽萎，很快就可痊癒。

**註：何謂假性陽萎？**

根據美國的強生與馬塔斯博士的調查，在四次性行為中，有一次未能勃起，或四次中只要有一、兩次能勃起，就不算是陽萎。

心理因素所引起的陽萎，要耐心地聽他訴苦，並溫和地安慰他，這點很重要。

假性陽萎隨時都可能發生，但簡單就能治好。假性陽萎有多種，例如①陰莖暫時未能勃起，②陰莖持續未能勃起，③雖勃起，但一插入就會再度萎縮。

原因何在，要怎樣治療呢？現在就讓我們來探討這個問題。

## 假性陽萎的原因與治療法

①有時候，男性由於緊張、睡眠不足、過度疲勞或煙酒過多而導致勃起不能，這是很稀鬆平常的事。只要消除緊張，充分休息，或等酒醒之後，便可迅即痊癒。

②過強的性壓抑、家庭問題或女性恐懼症等心理因素，也會導致假性陽萎。如果妳的他有這種現象的話，就要耐心地傾聽他訴說自己

的苦惱，並誠摯地安慰他。

③過去失敗的性體驗，過於在乎性的成敗，或與她（情人或妻子）感情交惡、害怕妊娠，以及女性恐懼症等，如果假性陽萎是起因於這些精神上的因素的話，除了溫和地擁抱他，讓他逐漸放輕鬆之外，別無他法。

# 男性的快感帶

## ●問問妳的他

向男性的快感帶進攻吧！

先問一問妳身旁的他。

問：男性有快感帶嗎？在哪裡？

•我是否過於敏感！因為我全身都有感覺，尤其是耳朵、唇邊、頸部、睪丸下、肛門周圍、腹股溝，當然陰莖更敏感。

・我的快感帶似乎只是陰莖。

・被舔弄乳頭時，會產生興奮感。

・或許這是我個人的想法，陰莖以外並無敏感的地方。希望還有其他快感帶。

・除了大腿內側、背部以外，其他部位不會產生搔癢感。

（男性快感帶分佈圖）

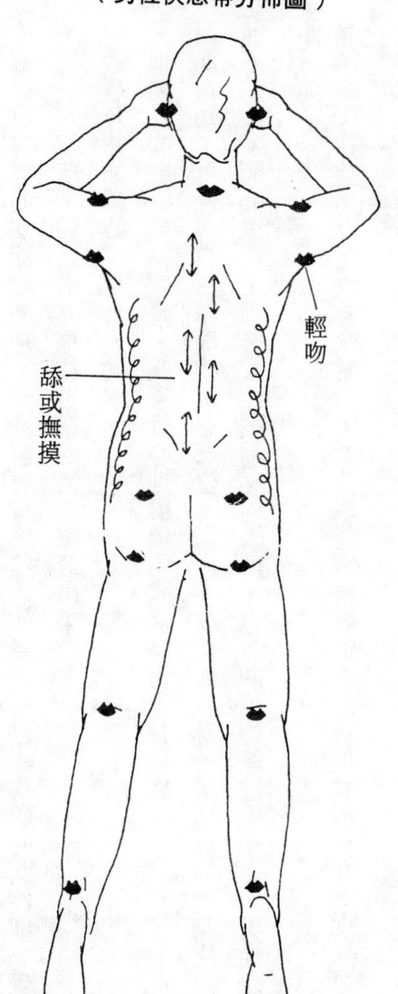

•你洗過土耳其浴吧，當全身被按摩時，便會有恍惚、難奈的興奮感。

•被自己喜愛的女性愛撫時，全身都會有快感，如果是自己不喜歡的女性則感覺全無。

•耳朵、胸部、腳底。那是被現在的情人開發出來的。

•被觸及龜頭溝時，真令人銷魂。

•她摸我的脇下或側腹時，我感覺心裡癢癢的。那是否也是快感？

由此可知，男性各自有不同的敏感部位。所以，「女性全身，男性只陰莖為快感帶」的說法並不正確。而「男性主動，女性被動」的論調，也有商榷的餘地。總之，男性隱藏有未知的快感帶。

結論是①無論男女，均有快感帶。②快感帶雖有個別差異，但並無男女之別。偶爾作探險性的開發，亦極有趣。

其次，讓我們來聽聽專家的意見吧！

**問**：能否告訴我，男性的快感帶在哪裡？

**答**：耳朵、頸項、胸部、乳頭、腋窩、脊椎、大腿內側、腳趾、足心等，女性的快感帶，男性也同樣能產生快感。不只是陰莖，只要是性器的周圍，都會有感覺。

＊快感帶＝一接觸就會產生快感的部位。

## 早洩與遲洩的原因和治療法

### ●早洩以年輕的男性居多

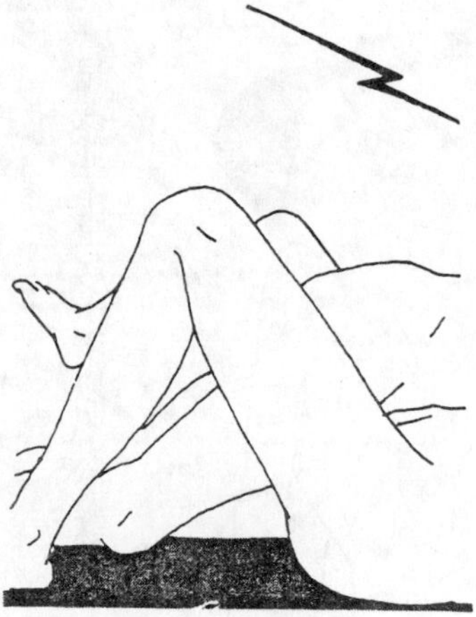

早洩不是病，可藉經驗加以消除。

性行為時，在極短的時間就射精，便是所謂的早洩。這種陰莖插入之後瞬間就射精，或一插入就射精的現象，有人說它是宛如下痢症狀的射精。

這種現象以毫無性經驗的男孩子居多，隨著年齡或經驗的增加，會自然痊癒。

其他由於性急，或好久未有性行為，過於興奮，以及龜頭過敏等而導致早洩者，也為數頗多。

早洩並不是病，所以不必過於擔心。不過，性愛時，男女雙方都能獲得高潮，才是最理想的。如果企盼雙方都能感到滿足，不妨延長前戲，或在即將射精時就停止抽動，讓陰莖稍事休息，相信這樣便能奏效。

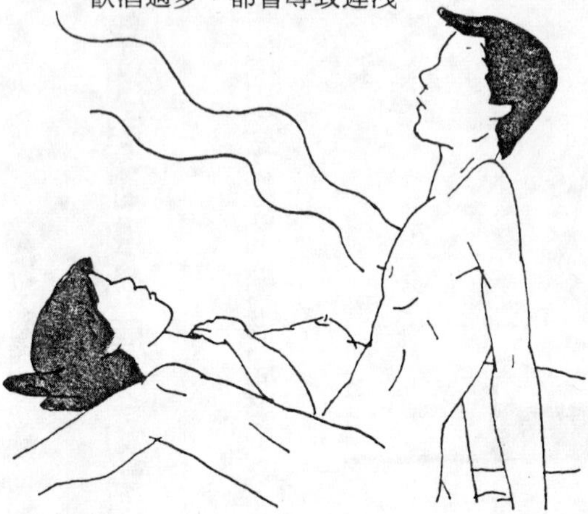

肉體或精神上的疲勞，以及飲酒過多，都會導致遲洩

## ●身體疲倦是遲洩的主要原因

和早洩相反，性愛時不容易射精的現象，叫做遲洩。精神上的疲勞或飲酒過多，都是遲洩的原因。

如果說早洩是下痢，那麼就可形容遲洩是便秘。性愛時，男女的高潮會適時出現，如果性交時間過長，弄痛了性器；或女性已經達到高潮，男性為了射精便採取不當的姿勢，或猛力抽動陰莖，弄得精疲力盡的話，就無法產生快感。

無論是早洩或遲洩，如果情況嚴重的話，還是必須找專科醫師診治。

# 關於自慰

## 何謂自慰？

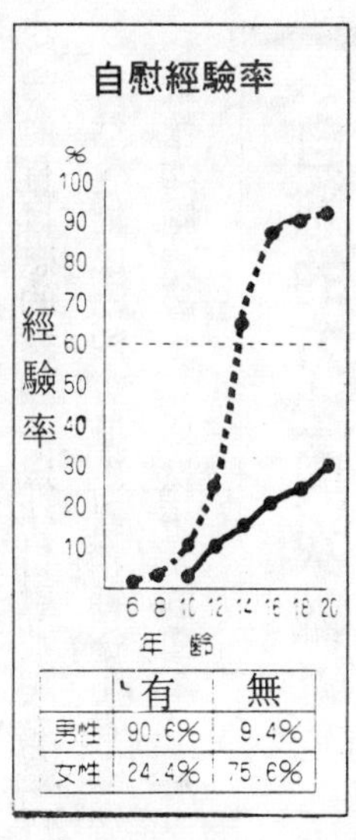


| | 有 | 無 |
|---|---|---|
| 男性 | 90.6% | 9.4% |
| 女性 | 24.4% | 75.6% |

### ●什麽是自慰？

自我刺激，獲得性快感，便是自慰。通常快感是來自男女雙方的性愛，但有人因為找不到對象或怕麻煩，想一個人玩的時候，就會藉自慰來獲得快感。有九〇%的男性在十四、五歲時便有自慰的經驗。以往自慰被視為是可恥的事，但時代已經不同了，現在自慰被認為是「自然、健康」的證據，對精神衛生有益。換句話說，自慰已不再會讓人產生罪惡感，現在它就像如廁一般，是稀鬆平常的事。

## 自慰的方法與次數

### ①一掌三指的自慰方法

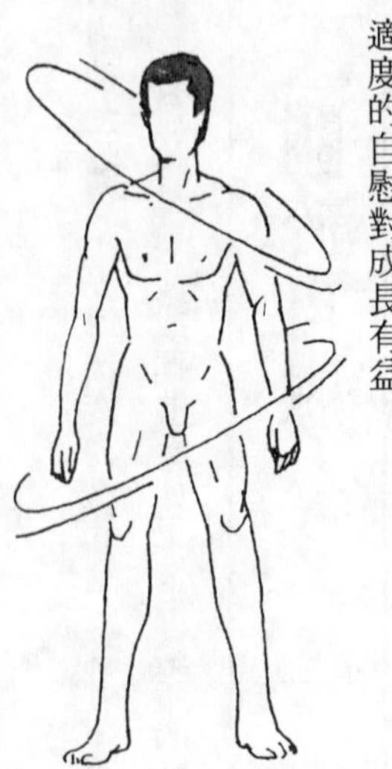

適度的自慰對成長有益

用手輕輕握住龜頭，規律的予以摩擦。此時，必須完全融入幻想的世界，直到射精為止。這是最普通的方法。

然而，有人對手似乎不感興趣，而採用其他花樣。例如，使用女性性器的仿製品，或插入被肌膚暖和的蒟蒻，甚至於將異物（棉花棒或火柴棒等）置入尿道。須知尿道極其脆弱，很容易受傷，如果因玩弄而使細菌侵入，就得上醫院，所以最好避免。

自慰雖然無害，但必須適可而止。適度的自慰有助於男性荷爾蒙的分泌，且可鍛鍊陰莖。

自慰之後，必須洗淨陰莖，更換內褲。

## ②想做就做

自慰會因年齡而產生個別差異。年輕、健康，精力充沛的人，有的一天二、三次，有的一個禮拜一、二次，有的一個月一次。有的人因為找不到合適的對象才這麼做，有的人雖有固定對象（情人或妻子），也會這麼做。

自慰可隨興之所至隨時進行。當心理不平衡，情緒不穩定時，自慰有鎮靜的作用，能使你忘卻煩惱，呼呼入睡。但自慰一次會給予心臟猶如跑一百公尺的負擔，亦即必須有足夠的精力，否則會有說不出的疲勞、虛脫感。

# 有關自慰的問與答

## ●關於自慰

問：第一次自慰是在幾歲的時候？

八歲——一％　一二歲——二九％
九歲——二％　一三歲——二五％
十歲——五％　一四歲——一七％
一一歲——一五％　一五歲——六％

男孩子通常在國中時候就會，女孩子則大約與初潮同時。

問：為什麼會自慰？如何進行呢？

•洗澡時

・在被窩裡玩弄。

・前輩或朋友教的。

問：什麼時候會想自慰？

・無緣無故勃起時。

・想體驗射精的快感。

・感到無聊的時候。

・看到或聽到煽情的事時。

・因為幻想而產生慾念。

問：為什麼要做？

・基於精神上的意念。

・單純的排泄行為。

・可以替代性交。

‧那是我生活的一部分。

‧為了消除情緒不安。

‧訓練男子氣概。

‧它是一種精神安定劑。

問：你想像中的性愛對象是誰？

‧只要是裸體的女人，誰都可以。

‧漂亮、性感的女性。

‧與腳底和頸項等身體的某一部分聯想在一起。

‧與自己所喜愛的女性相反的女子。

‧視當時的情況而定。有時是單數，有時是複數；時而聖女，時而蕩婦。

問：和性交有何不同？

‧當然性交比較好。再怎麼說，自慰只能作為性交的代用品。

・自慰猶如自言自語，而性交就像對話一般。

・射精時較不麻煩。

・各有優、缺點。雖然性交較好，但偶爾會想沈浸於幻想世界。

・以前一個人就行了，但現在卻覺得抱住女性比較羅曼蒂克。

問：自慰之後有什麽感覺？

・覺得快樂似神仙。

・事後會感到自憐或自我厭惡。

・身體，尤其是腰部變得輕飄飄的。

・就像香檳的塞子砰然被開啟一般。

・有通風、舒暢的感覺。

## ◇Masturbation 這個字的來源

Masturbation 這個字源於拉丁語的 masturbare，意味「用手弄髒」。自慰，俗稱手淫或自瀆，最近則較少被使用。

至於 onania 或 ouanism，則出自舊約聖經。與其稱自慰，不如說是陰道外射精（性交中斷）來得恰當。

# 大展出版社有限公司　圖書目錄

地址：台北市北投區11204
致遠一路二段12巷1號
郵撥： 0166955～1
電話：(02) 8236031
8236033
傳眞：(02) 8272069

## • 法律專欄連載 • 電腦編號 58

台大法學院　法律學系／策劃
法律服務社／編著

| | | |
|---|---|---|
| ①別讓您的權利睡著了[1] | | 200元 |
| ②別讓您的權利睡著了[2] | | 200元 |

## • 秘傳占卜系列 • 電腦編號 14

| | | |
|---|---|---|
| ①手相術 | 淺野八郎著 | 150元 |
| ②人相術 | 淺野八郎著 | 150元 |
| ③西洋占星術 | 淺野八郎著 | 150元 |
| ④中國神奇占卜 | 淺野八郎著 | 150元 |
| ⑤夢判斷 | 淺野八郎著 | 150元 |
| ⑥前世、來世占卜 | 淺野八郎著 | 150元 |
| ⑦法國式血型學 | 淺野八郎著 | 150元 |
| ⑧靈感、符咒學 | 淺野八郎著 | 150元 |
| ⑨紙牌占卜學 | 淺野八郎著 | 150元 |
| ⑩ＥＳＰ超能力占卜 | 淺野八郎著 | 150元 |
| ⑪猶太數的秘術 | 淺野八郎著 | 150元 |
| ⑫新心理測驗 | 淺野八郎著 | 160元 |

## • 趣味心理講座 • 電腦編號 15

| | | | |
|---|---|---|---|
| ①性格測驗１ | 探索男與女 | 淺野八郎著 | 140元 |
| ②性格測驗２ | 透視人心奧秘 | 淺野八郎著 | 140元 |
| ③性格測驗３ | 發現陌生的自己 | 淺野八郎著 | 140元 |
| ④性格測驗４ | 發現你的真面目 | 淺野八郎著 | 140元 |
| ⑤性格測驗５ | 讓你們吃驚 | 淺野八郎著 | 140元 |
| ⑥性格測驗６ | 洞穿心理盲點 | 淺野八郎著 | 140元 |
| ⑦性格測驗７ | 探索對方心理 | 淺野八郎著 | 140元 |
| ⑧性格測驗８ | 由吃認識自己 | 淺野八郎著 | 140元 |
| ⑨性格測驗９ | 戀愛知多少 | 淺野八郎著 | 140元 |

⑩性格測驗10　由裝扮瞭解人心　淺野八郎著　140元
⑪性格測驗11　敲開內心玄機　淺野八郎著　140元
⑫性格測驗12　透視你的未來　淺野八郎著　140元
⑬血型與你的一生　淺野八郎著　140元
⑭趣味推理遊戲　淺野八郎著　160元
⑮行爲語言解析　淺野八郎著　160元

## •婦 幼 天 地•電腦編號16

①八萬人減肥成果　黃靜香譯　150元
②三分鐘減肥體操　楊鴻儒譯　150元
③窈窕淑女美髮秘訣　柯素娥譯　130元
④使妳更迷人　成　玉譯　130元
⑤女性的更年期　官舒妍編譯　160元
⑥胎內育兒法　李玉瓊編譯　150元
⑦早產兒袋鼠式護理　唐岱蘭譯　200元
⑧初次懷孕與生產　婦幼天地編譯組　180元
⑨初次育兒12個月　婦幼天地編譯組　180元
⑩斷乳食與幼兒食　婦幼天地編譯組　180元
⑪培養幼兒能力與性向　婦幼天地編譯組　180元
⑫培養幼兒創造力的玩具與遊戲　婦幼天地編譯組　180元
⑬幼兒的症狀與疾病　婦幼天地編譯組　180元
⑭腿部苗條健美法　婦幼天地編譯組　150元
⑮女性腰痛別忽視　婦幼天地編譯組　150元
⑯舒展身心體操術　李玉瓊編譯　130元
⑰三分鐘臉部體操　趙薇妮著　160元
⑱生動的笑容表情術　趙薇妮著　160元
⑲心曠神怡減肥法　川津祐介著　130元
⑳內衣使妳更美麗　陳玄茹譯　130元
㉑瑜伽美姿美容　黃靜香編著　150元
㉒高雅女性裝扮學　陳珮玲譯　180元
㉓蠶糞肌膚美顏法　坂梨秀子著　160元
㉔認識妳的身體　李玉瓊譯　160元
㉕產後恢復苗條體態　居理安・芙萊喬著　200元
㉖正確護髮美容法　山崎伊久江著　180元
㉗安琪拉美姿養生學　安琪拉蘭斯博瑞著　180元

## •青 春 天 地•電腦編號17

①A血型與星座　柯素娥編譯　120元
②B血型與星座　柯素娥編譯　120元

| | | |
|---|---|---|
| ③O血型與星座 | 柯素娥編譯 | 120元 |
| ④AB血型與星座 | 柯素娥編譯 | 120元 |
| ⑤青春期性教室 | 呂貴嵐編譯 | 130元 |
| ⑥事半功倍讀書法 | 王毅希編譯 | 150元 |
| ⑦難解數學破題 | 宋釗宜編譯 | 130元 |
| ⑧速算解題技巧 | 宋釗宜編譯 | 130元 |
| ⑨小論文寫作秘訣 | 林顯茂編譯 | 120元 |
| ⑪中學生野外遊戲 | 熊谷康編著 | 120元 |
| ⑫恐怖極短篇 | 柯素娥編譯 | 130元 |
| ⑬恐怖夜話 | 小毛驢編譯 | 130元 |
| ⑭恐怖幽默短篇 | 小毛驢編譯 | 120元 |
| ⑮黑色幽默短篇 | 小毛驢編譯 | 120元 |
| ⑯靈異怪談 | 小毛驢編譯 | 130元 |
| ⑰錯覺遊戲 | 小毛驢編譯 | 130元 |
| ⑱整人遊戲 | 小毛驢編著 | 150元 |
| ⑲有趣的超常識 | 柯素娥編譯 | 130元 |
| ⑳哦！原來如此 | 林慶旺編譯 | 130元 |
| ㉑趣味競賽100種 | 劉名揚編譯 | 120元 |
| ㉒數學謎題入門 | 宋釗宜編譯 | 150元 |
| ㉓數學謎題解析 | 宋釗宜編譯 | 150元 |
| ㉔透視男女心理 | 林慶旺編譯 | 120元 |
| ㉕少女情懷的自白 | 李桂蘭編譯 | 120元 |
| ㉖由兄弟姊妹看命運 | 李玉瓊編譯 | 130元 |
| ㉗趣味的科學魔術 | 林慶旺編譯 | 150元 |
| ㉘趣味的心理實驗室 | 李燕玲編譯 | 150元 |
| ㉙愛與性心理測驗 | 小毛驢編譯 | 130元 |
| ㉚刑案推理解謎 | 小毛驢編譯 | 130元 |
| ㉛偵探常識推理 | 小毛驢編譯 | 130元 |
| ㉜偵探常識解謎 | 小毛驢編譯 | 130元 |
| ㉝偵探推理遊戲 | 小毛驢編譯 | 130元 |
| ㉞趣味的超魔術 | 廖玉山編著 | 150元 |
| ㉟趣味的珍奇發明 | 柯素娥編著 | 150元 |
| ㊱登山用具與技巧 | 陳瑞菊編著 | 150元 |

## •健康天地• 電腦編號18

| | | |
|---|---|---|
| ①壓力的預防與治療 | 柯素娥編譯 | 130元 |
| ②超科學氣的魔力 | 柯素娥編譯 | 130元 |
| ③尿療法治病的神奇 | 中尾良一著 | 130元 |
| ④鐵證如山的尿療法奇蹟 | 廖玉山譯 | 120元 |
| ⑤一日斷食健康法 | 葉慈容編譯 | 120元 |

| | | |
|---|---|---|
| ⑥胃部強健法 | 陳炳崑譯 | 120元 |
| ⑦癌症早期檢查法 | 廖松濤譯 | 160元 |
| ⑧老人痴呆症防止法 | 柯素娥編譯 | 130元 |
| ⑨松葉汁健康飲料 | 陳麗芬編譯 | 130元 |
| ⑩揉肚臍健康法 | 永井秋夫著 | 150元 |
| ⑪過勞死、猝死的預防 | 卓秀貞編譯 | 130元 |
| ⑫高血壓治療與飲食 | 藤山順豐著 | 150元 |
| ⑬老人看護指南 | 柯素娥編譯 | 150元 |
| ⑭美容外科淺談 | 楊啟宏著 | 150元 |
| ⑮美容外科新境界 | 楊啟宏著 | 150元 |
| ⑯鹽是天然的醫生 | 西英司郎著 | 140元 |
| ⑰年輕十歲不是夢 | 梁瑞麟譯 | 200元 |
| ⑱茶料理治百病 | 桑野和民著 | 180元 |
| ⑲綠茶治病寶典 | 桑野和民著 | 150元 |
| ⑳杜仲茶養顏減肥法 | 西田博著 | 150元 |
| ㉑蜂膠驚人療效 | 瀨長良三郎著 | 150元 |
| ㉒蜂膠治百病 | 瀨長良三郎著 | 150元 |
| ㉓醫藥與生活 | 鄭炳全著 | 180元 |
| ㉔鈣長生寶典 | 落合敏著 | 180元 |
| ㉕大蒜長生寶典 | 木下繁太郎著 | 160元 |
| ㉖居家自我健康檢查 | 石川恭三著 | 160元 |
| ㉗永恒的健康人生 | 李秀鈴譯 | 200元 |
| ㉘大豆卵磷脂長生寶典 | 劉雪卿譯 | 150元 |
| ㉙芳香療法 | 梁艾琳譯 | 160元 |
| ㉚醋長生寶典 | 柯素娥譯 | 180元 |
| ㉛從星座透視健康 | 席拉・吉蒂斯著 | 180元 |
| ㉜愉悅自在保健學 | 野本二士夫著 | 160元 |
| ㉝裸睡健康法 | 丸山淳士等著 | 160元 |
| ㉞糖尿病預防與治療 | 藤田順豐著 | 180元 |
| ㉟維他命長生寶典 | 菅原明子著 | 180元 |
| ㊱維他命C新效果 | 鐘文訓編 | 150元 |
| ㊲手、腳病理按摩 | 堤芳郎著 | 160元 |
| ㊳AIDS瞭解與預防 | 彼得塔歇爾著 | 180元 |
| ㊴甲殼質殼聚糖健康法 | 沈永嘉譯 | 160元 |

## ・實用女性學講座・電腦編號 19

| | | |
|---|---|---|
| ①解讀女性內心世界 | 島田一男著 | 150元 |
| ②塑造成熟的女性 | 島田一男著 | 150元 |
| ③女性整體裝扮學 | 黃靜香編著 | 180元 |
| ④女性應對禮儀 | 黃靜香編著 | 180元 |

## ・校 園 系 列・電腦編號20

①讀書集中術　多湖輝著　150元
②應考的訣竅　多湖輝著　150元
③輕鬆讀書贏得聯考　多湖輝著　150元
④讀書記憶秘訣　多湖輝著　150元
⑤視力恢復！超速讀術　江錦雲譯　180元

## ・實用心理學講座・電腦編號21

①拆穿欺騙伎倆　多湖輝著　140元
②創造好構想　多湖輝著　140元
③面對面心理術　多湖輝著　160元
④偽裝心理術　多湖輝著　140元
⑤透視人性弱點　多湖輝著　140元
⑥自我表現術　多湖輝著　150元
⑦不可思議的人性心理　多湖輝著　150元
⑧催眠術入門　多湖輝著　150元
⑨責罵部屬的藝術　多湖輝著　150元
⑩精神力　多湖輝著　150元
⑪厚黑說服術　多湖輝著　150元
⑫集中力　多湖輝著　150元
⑬構想力　多湖輝著　150元
⑭深層心理術　多湖輝著　160元
⑮深層語言術　多湖輝著　160元
⑯深層說服術　多湖輝著　180元
⑰掌握潛在心理　多湖輝著　160元

## ・超現實心理講座・電腦編號22

①超意識覺醒法　詹蔚芬編譯　130元
②護摩秘法與人生　劉名揚編譯　130元
③秘法！超級仙術入門　陸　明譯　150元
④給地球人的訊息　柯素娥編著　150元
⑤密教的神通力　劉名揚編著　130元
⑥神秘奇妙的世界　平川陽一著　180元
⑦地球文明的超革命　吳秋嬌譯　200元
⑧力量石的秘密　吳秋嬌譯　180元
⑨超能力的靈異世界　馬小莉譯　200元

## ・養 生 保 健・電腦編號 23

| | | |
|---|---|---|
| ①醫療養生氣功 | 黃孝寬著 | 250元 |
| ②中國氣功圖譜 | 余功保著 | 230元 |
| ③少林醫療氣功精粹 | 井玉蘭著 | 250元 |
| ④龍形實用氣功 | 吳大才等著 | 220元 |
| ⑤魚戲增視強身氣功 | 宮　嬰著 | 220元 |
| ⑥嚴新氣功 | 前新培金著 | 250元 |
| ⑦道家玄牝氣功 | 張　章著 | 200元 |
| ⑧仙家秘傳袪病功 | 李遠國著 | 160元 |
| ⑨少林十大健身功 | 秦慶豐著 | 180元 |
| ⑩中國自控氣功 | 張明武著 | 250元 |
| ⑪醫療防癌氣功 | 黃孝寬著 | 250元 |
| ⑫醫療強身氣功 | 黃孝寬著 | 250元 |
| ⑬醫療點穴氣功 | 黃孝寬著 | 220元 |
| ⑭中國八卦如意功 | 趙維漢著 | |

## ・社會人智囊・電腦編號 24

| | | |
|---|---|---|
| ①糾紛談判術 | 清水增三著 | 160元 |
| ②創造關鍵術 | 淺野八郎著 | 150元 |
| ③觀人術 | 淺野八郎著 | 180元 |
| ④應急詭辯術 | 廖英迪編著 | 160元 |
| ⑤天才家學習術 | 木原武一著 | 160元 |
| ⑥猫型狗式鑑人術 | 淺野八郎著 | 180元 |
| ⑦逆轉運掌握術 | 淺野八郎著 | 180元 |
| ⑧人際圓融術 | 澀谷昌三著 | 160元 |

## ・精 選 系 列・電腦編號 25

| | | |
|---|---|---|
| ①毛澤東與鄧小平 | 渡邊利夫等著 | 280元 |
| ②中國大崩裂 | 江戶介雄著 | 180元 |
| ③台灣・亞洲奇蹟 | 上村幸治著 | 220元 |
| ④7-ELEVEN高盈收策略 | 國友隆一著 | 180元 |

## ・運 動 遊 戲・電腦編號 26

| | | |
|---|---|---|
| ①雙人運動 | 李玉瓊譯 | 160元 |
| ②愉快的跳繩運動 | 廖玉山譯 | 180元 |
| ③運動會項目精選 | 王佑京譯 | 150元 |

④肋木運動　廖玉山譯　150元
⑤測力運動　王佑宗譯　150元

## ・心 靈 雅 集・電腦編號00

①禪言佛語看人生　松濤弘道著　180元
②禪密教的奧秘　葉逯謙譯　120元
③觀音大法力　田口日勝著　120元
④觀音法力的大功德　田口日勝著　120元
⑤達摩禪106智慧　劉華亭編譯　150元
⑥有趣的佛教研究　葉逯謙編譯　120元
⑦夢的開運法　蕭京凌譯　130元
⑧禪學智慧　柯素娥編譯　130元
⑨女性佛教入門　許俐萍譯　110元
⑩佛像小百科　心靈雅集編譯組　130元
⑪佛教小百科趣談　心靈雅集編譯組　120元
⑫佛教小百科漫談　心靈雅集編譯組　150元
⑬佛教知識小百科　心靈雅集編譯組　150元
⑭佛學名言智慧　松濤弘道著　220元
⑮釋迦名言智慧　松濤弘道著　220元
⑯活人禪　平田精耕著　120元
⑰坐禪入門　柯素娥編譯　120元
⑱現代禪悟　柯素娥編譯　130元
⑲道元禪師語錄　心靈雅集編譯組　130元
⑳佛學經典指南　心靈雅集編譯組　130元
㉑何謂「生」　阿含經　心靈雅集編譯組　150元
㉒一切皆空　般若心經　心靈雅集編譯組　150元
㉓超越迷惘　法句經　心靈雅集編譯組　130元
㉔開拓宇宙觀　華嚴經　心靈雅集編譯組　130元
㉕真實之道　法華經　心靈雅集編譯組　130元
㉖自由自在　涅槃經　心靈雅集編譯組　130元
㉗沈默的教示　維摩經　心靈雅集編譯組　150元
㉘開通心眼　佛語佛戒　心靈雅集編譯組　130元
㉙揭秘寶庫　密教經典　心靈雅集編譯組　130元
㉚坐禪與養生　廖松濤譯　110元
㉛釋尊十戒　柯素娥編譯　120元
㉜佛法與神通　劉欣如編著　120元
㉝悟（正法眼藏的世界）　柯素娥編譯　120元
㉞只管打坐　劉欣如編譯　120元
㉟喬答摩・佛陀傳　劉欣如編著　120元
㊱唐玄奘留學記　劉欣如編譯　120元

| | | |
|---|---|---|
| ㊲佛教的人生觀 | 劉欣如編譯 | 110元 |
| ㊳無門關（上卷） | 心靈雅集編譯組 | 150元 |
| ㊴無門關（下卷） | 心靈雅集編譯組 | 150元 |
| ㊵業的思想 | 劉欣如編著 | 130元 |
| ㊶佛法難學嗎 | 劉欣如著 | 140元 |
| ㊷佛法實用嗎 | 劉欣如著 | 140元 |
| ㊸佛法殊勝嗎 | 劉欣如著 | 140元 |
| ㊹因果報應法則 | 李常傳編 | 140元 |
| ㊺佛教醫學的奧秘 | 劉欣如編著 | 150元 |
| ㊻紅塵絕唱 | 海　若著 | 130元 |
| ㊼佛教生活風情 | 洪丕謨、姜玉珍著 | 220元 |
| ㊽行住坐臥有佛法 | 劉欣如著 | 160元 |
| ㊾起心動念是佛法 | 劉欣如著 | 160元 |
| ㊿四字禪語 | 曹洞宗青年會 | 200元 |
| 51妙法蓮華經 | 劉欣如編著 | 160元 |

## •經營管理•電腦編號 01

| | | |
|---|---|---|
| ◎創新經營管理六十六大計（精） | 蔡弘文編 | 780元 |
| ①如何獲取生意情報 | 蘇燕謀譯 | 110元 |
| ②經濟常識問答 | 蘇燕謀譯 | 130元 |
| ③股票致富68秘訣 | 簡文祥譯 | 200元 |
| ④台灣商戰風雲錄 | 陳中雄著 | 120元 |
| ⑤推銷大王秘錄 | 原一平著 | 180元 |
| ⑥新創意•賺大錢 | 王家成譯 | 90元 |
| ⑦工廠管理新手法 | 琪　輝著 | 120元 |
| ⑧奇蹟推銷術 | 蘇燕謀譯 | 100元 |
| ⑨經營參謀 | 柯順隆譯 | 120元 |
| ⑩美國實業24小時 | 柯順隆譯 | 80元 |
| ⑪撼動人心的推銷法 | 原一平著 | 150元 |
| ⑫高竿經營法 | 蔡弘文編 | 120元 |
| ⑬如何掌握顧客 | 柯順隆譯 | 150元 |
| ⑭一等一賺錢策略 | 蔡弘文編 | 120元 |
| ⑯成功經營妙方 | 鐘文訓著 | 120元 |
| ⑰一流的管理 | 蔡弘文編 | 150元 |
| ⑱外國人看中韓經濟 | 劉華亭譯 | 150元 |
| ⑲企業不良幹部群相 | 琪輝編著 | 120元 |
| ⑳突破商場人際學 | 林振輝編著 | 90元 |
| ㉑無中生有術 | 琪輝編著 | 140元 |
| ㉒如何使女人打開錢包 | 林振輝編著 | 100元 |
| ㉓操縱上司術 | 邑井操著 | 90元 |

| | | |
|---|---|---|
| ㉔小公司經營策略 | 王嘉誠著 | 160元 |
| ㉕成功的會議技巧 | 鐘文訓編譯 | 100元 |
| ㉖新時代老闆學 | 黃柏松編著 | 100元 |
| ㉗如何創造商場智囊團 | 林振輝編譯 | 150元 |
| ㉘十分鐘推銷術 | 林振輝編譯 | 180元 |
| ㉙五分鐘育才 | 黃柏松編譯 | 100元 |
| ㉚成功商場戰術 | 陸明編譯 | 100元 |
| ㉛商場談話技巧 | 劉華亭編譯 | 120元 |
| ㉜企業帝王學 | 鐘文訓譯 | 90元 |
| ㉝自我經濟學 | 廖松濤編譯 | 100元 |
| ㉞一流的經營 | 陶田生編著 | 120元 |
| ㉟女性職員管理術 | 王昭國編譯 | 120元 |
| ㊱ＩＢＭ的人事管理 | 鐘文訓編譯 | 150元 |
| ㊲現代電腦常識 | 王昭國編譯 | 150元 |
| ㊳電腦管理的危機 | 鐘文訓編譯 | 120元 |
| ㊴如何發揮廣告效果 | 王昭國編譯 | 150元 |
| ㊵最新管理技巧 | 王昭國編譯 | 150元 |
| ㊶一流推銷術 | 廖松濤編譯 | 150元 |
| ㊷包裝與促銷技巧 | 王昭國編譯 | 130元 |
| ㊸企業王國指揮塔 | 松下幸之助著 | 120元 |
| ㊹企業精銳兵團 | 松下幸之助著 | 120元 |
| ㊺企業人事管理 | 松下幸之助著 | 100元 |
| ㊻華僑經商致富術 | 廖松濤編譯 | 130元 |
| ㊼豐田式銷售技巧 | 廖松濤編譯 | 180元 |
| ㊽如何掌握銷售技巧 | 王昭國編著 | 130元 |
| ㊿洞燭機先的經營 | 鐘文訓編譯 | 150元 |
| (52)新世紀的服務業 | 鐘文訓編譯 | 100元 |
| (53)成功的領導者 | 廖松濤編譯 | 120元 |
| (54)女推銷員成功術 | 李玉瓊編譯 | 130元 |
| (55)ＩＢＭ人才培育術 | 鐘文訓編譯 | 100元 |
| (56)企業人自我突破法 | 黃琪輝編著 | 150元 |
| (58)財富開發術 | 蔡弘文編著 | 130元 |
| (59)成功的店舖設計 | 鐘文訓編著 | 150元 |
| (61)企管回春法 | 蔡弘文編著 | 130元 |
| (62)小企業經營指南 | 鐘文訓編譯 | 100元 |
| (63)商場致勝名言 | 鐘文訓編譯 | 150元 |
| (64)迎接商業新時代 | 廖松濤編譯 | 100元 |
| (66)新手股票投資入門 | 何朝乾　編 | 180元 |
| (67)上揚股與下跌股 | 何朝乾編譯 | 180元 |
| (68)股票速成學 | 何朝乾編譯 | 180元 |
| (69)理財與股票投資策略 | 黃俊豪編著 | 180元 |

| | | |
|---|---|---|
| ⑰黃金投資策略 | 黃俊豪編著 | 180元 |
| ⑪厚黑管理學 | 廖松濤編譯 | 180元 |
| ⑫股市致勝格言 | 呂梅莎編譯 | 180元 |
| ⑬透視西武集團 | 林谷燁編譯 | 150元 |
| ⑯巡迴行銷術 | 陳蒼杰譯 | 150元 |
| ⑰推銷的魔術 | 王嘉誠譯 | 120元 |
| ⑱60秒指導部屬 | 周蓮芬編譯 | 150元 |
| ⑲精銳女推銷員特訓 | 李玉瓊編譯 | 130元 |
| ⑳企劃、提案、報告圖表的技巧 | 鄭　汶　譯 | 180元 |
| ⑧海外不動產投資 | 許達守編譯 | 150元 |
| ⑧八百件的世界策略 | 李玉瓊譯 | 150元 |
| ⑧服務業品質管理 | 吳宜芬譯 | 180元 |
| ⑧零庫存銷售 | 黃東謙編譯 | 150元 |
| ⑧三分鐘推銷管理 | 劉名揚編譯 | 150元 |
| ⑧推銷大王奮鬥史 | 原一平著 | 150元 |
| ⑧豐田汽車的生產管理 | 林谷燁編譯 | 150元 |

## •成功寶庫•電腦編號02

| | | |
|---|---|---|
| ①上班族交際術 | 江森滋著 | 100元 |
| ②拍馬屁訣竅 | 廖玉山編譯 | 110元 |
| ④聽話的藝術 | 歐陽輝編譯 | 110元 |
| ⑨求職轉業成功術 | 陳　義編著 | 110元 |
| ⑩上班族禮儀 | 廖玉山編著 | 120元 |
| ⑪接近心理學 | 李玉瓊編著 | 100元 |
| ⑫創造自信的新人生 | 廖松濤編著 | 120元 |
| ⑭上班族如何出人頭地 | 廖松濤編著 | 100元 |
| ⑮神奇瞬間瞑想法 | 廖松濤編譯 | 100元 |
| ⑯人生成功之鑰 | 楊意苓編著 | 150元 |
| ⑲給企業人的諍言 | 鐘文訓編著 | 120元 |
| ⑳企業家自律訓練法 | 陳　義編譯 | 100元 |
| ㉑上班族妖怪學 | 廖松濤編著 | 100元 |
| ㉒猶太人縱橫世界的奇蹟 | 孟佑政編著 | 110元 |
| ㉓訪問推銷術 | 黃静香編著 | 130元 |
| ㉕你是上班族中強者 | 嚴思圖編著 | 100元 |
| ㉖向失敗挑戰 | 黃静香編著 | 100元 |
| ㉙機智應對術 | 李玉瓊編著 | 130元 |
| ㉚成功頓悟100則 | 蕭京凌編譯 | 130元 |
| ㉛掌握好運100則 | 蕭京凌編譯 | 110元 |
| ㉜知性幽默 | 李玉瓊編譯 | 130元 |
| ㉝熟記對方絕招 | 黃静香編譯 | 100元 |

| | | |
|---|---|---|
| ㉞男性成功秘訣 | 陳蒼杰編譯 | 130元 |
| ㊱業務員成功秘方 | 李玉瓊編著 | 120元 |
| ㊲察言觀色的技巧 | 劉華亭編著 | 130元 |
| ㊳一流領導力 | 施義彥編譯 | 120元 |
| ㊴一流說服力 | 李玉瓊編著 | 130元 |
| ㊵30秒鐘推銷術 | 廖松濤編譯 | 150元 |
| ㊶猶太成功商法 | 周蓮芬編譯 | 120元 |
| ㊷尖端時代行銷策略 | 陳蒼杰編著 | 100元 |
| ㊸顧客管理學 | 廖松濤編著 | 100元 |
| ㊹如何使對方說Yes | 程　羲編著 | 150元 |
| ㊺如何提高工作效率 | 劉華亭編著 | 150元 |
| ㊼上班族口才學 | 楊鴻儒譯 | 120元 |
| ㊽上班族新鮮人須知 | 程　羲編著 | 120元 |
| ㊾如何左右逢源 | 程　羲編著 | 130元 |
| ㊿語言的心理戰 | 多湖輝著 | 130元 |
| 51扣人心弦演說術 | 劉名揚編著 | 120元 |
| 53如何增進記憶力、集中力 | 廖松濤譯 | 130元 |
| 55性惡企業管理學 | 陳蒼杰譯 | 130元 |
| 56自我啟發200招 | 楊鴻儒編著 | 150元 |
| 57做個傑出女職員 | 劉名揚編著 | 130元 |
| 58靈活的集團營運術 | 楊鴻儒編著 | 120元 |
| 60個案研究活用法 | 楊鴻儒編著 | 130元 |
| 61企業教育訓練遊戲 | 楊鴻儒編著 | 120元 |
| 62管理者的智慧 | 程　義編譯 | 130元 |
| 63做個佼佼管理者 | 馬筱莉編譯 | 130元 |
| 64智慧型說話技巧 | 沈永嘉編譯 | 130元 |
| 66活用佛學於經營 | 松濤弘道著 | 150元 |
| 67活用禪學於企業 | 柯素娥編譯 | 130元 |
| 68詭辯的智慧 | 沈永嘉編譯 | 150元 |
| 69幽默詭辯術 | 廖玉山編譯 | 150元 |
| 70拿破崙智慧箴言 | 柯素娥編譯 | 130元 |
| 71自我培育・超越 | 蕭京凌編譯 | 150元 |
| 74時間即一切 | 沈永嘉編譯 | 130元 |
| 75自我脫胎換骨 | 柯素娥譯 | 150元 |
| 76贏在起跑點—人才培育鐵則 | 楊鴻儒編譯 | 150元 |
| 77做一枚活棋 | 李玉瓊編譯 | 130元 |
| 78面試成功戰略 | 柯素娥編譯 | 130元 |
| 79自我介紹與社交禮儀 | 柯素娥編譯 | 150元 |
| 80說NO的技巧 | 廖玉山編譯 | 130元 |
| 81瞬間攻破心防法 | 廖玉山編譯 | 120元 |
| 82改變一生的名言 | 李玉瓊編譯 | 130元 |

| | | |
|---|---|---|
| ⑧③性格性向創前程 | 楊鴻儒編譯 | 130元 |
| ⑧④訪問行銷新竅門 | 廖玉山編譯 | 150元 |
| ⑧⑤無所不達的推銷話術 | 李玉瓊編譯 | 150元 |

## ・處 世 智 慧・電腦編號03

| | | |
|---|---|---|
| ①如何改變你自己 | 陸明編譯 | 120元 |
| ②人性心理陷阱 | 多湖輝著 | 90元 |
| ④幽默說話術 | 林振輝編譯 | 120元 |
| ⑤讀書36計 | 黃柏松編譯 | 120元 |
| ⑥靈感成功術 | 譚繼山編譯 | 80元 |
| ⑧扭轉一生的五分鐘 | 黃柏松編譯 | 100元 |
| ⑨知人、知面、知其心 | 林振輝譯 | 110元 |
| ⑩現代人的詭計 | 林振輝譯 | 100元 |
| ⑫如何利用你的時間 | 蘇遠謀譯 | 80元 |
| ⑬口才必勝術 | 黃柏松編譯 | 120元 |
| ⑭女性的智慧 | 譚繼山編譯 | 90元 |
| ⑮如何突破孤獨 | 張文志編譯 | 80元 |
| ⑯人生的體驗 | 陸明編譯 | 80元 |
| ⑰微笑社交術 | 張芳明譯 | 90元 |
| ⑱幽默吹牛術 | 金子登著 | 90元 |
| ⑲攻心說服術 | 多湖輝著 | 100元 |
| ⑳當機立斷 | 陸明編譯 | 70元 |
| ㉑勝利者的戰略 | 宋恩臨編譯 | 80元 |
| ㉒如何交朋友 | 安紀芳編著 | 70元 |
| ㉓鬥智奇謀（諸葛孔明兵法） | 陳炳崑著 | 70元 |
| ㉔慧心良言 | 亦　奇著 | 80元 |
| ㉕名家慧語 | 蔡逸鴻主編 | 90元 |
| ㉗稱霸者啟示金言 | 黃柏松編譯 | 90元 |
| ㉘如何發揮你的潛能 | 陸明編譯 | 90元 |
| ㉙女人身態語言學 | 李常傳譯 | 130元 |
| ㉚摸透女人心 | 張文志譯 | 90元 |
| ㉛現代戀愛秘訣 | 王家成譯 | 70元 |
| ㉜給女人的悄悄話 | 妮倩編譯 | 90元 |
| ㉞如何開拓快樂人生 | 陸明編譯 | 90元 |
| ㉟驚人時間活用法 | 鐘文訓譯 | 80元 |
| ㊱成功的捷徑 | 鐘文訓譯 | 70元 |
| ㊲幽默逗笑術 | 林振輝著 | 120元 |
| ㊳活用血型讀書法 | 陳炳崑譯 | 80元 |
| ㊴心　燈 | 葉于模著 | 100元 |
| ㊵當心受騙 | 林顯茂譯 | 90元 |

| | | |
|---|---|---|
| ㊶心・體・命運 | 蘇燕謀譯 | 70元 |
| ㊷如何使頭腦更敏銳 | 陸明編譯 | 70元 |
| ㊸宮本武藏五輪書金言錄 | 宮本武藏著 | 100元 |
| ㊺勇者的智慧 | 黃柏松編譯 | 80元 |
| ㊼成熟的愛 | 林振輝譯 | 120元 |
| ㊽現代女性駕馭術 | 蔡德華著 | 90元 |
| ㊾禁忌遊戲 | 酒井潔著 | 90元 |
| ㊾摸透男人心 | 劉華亭編譯 | 80元 |
| ㊾如何達成願望 | 謝世輝著 | 90元 |
| ㊾創造奇蹟的「想念法」 | 謝世輝著 | 90元 |
| ㊾創造成功奇蹟 | 謝世輝著 | 90元 |
| ㊾男女幽默趣典 | 劉華亭譯 | 90元 |
| ㊾幻想與成功 | 廖松濤譯 | 80元 |
| ㊾反派角色的啟示 | 廖松濤編譯 | 70元 |
| ㊾現代女性須知 | 劉華亭編著 | 75元 |
| ㊾機智說話術 | 劉華亭編譯 | 100元 |
| ㊾如何突破內向 | 姜倩怡編譯 | 110元 |
| ㊾讀心術入門 | 王家成編譯 | 100元 |
| ㊾如何解除內心壓力 | 林美羽編著 | 110元 |
| ㊾取信於人的技巧 | 多湖輝著 | 110元 |
| ㊾如何培養堅強的自我 | 林美羽編著 | 90元 |
| ㊾自我能力的開拓 | 卓一凡編著 | 110元 |
| ㊾縱橫交涉術 | 嚴思圖編著 | 90元 |
| ㊾如何培養妳的魅力 | 劉文珊編著 | 90元 |
| ㊾魅力的力量 | 姜倩怡編著 | 90元 |
| ㊾金錢心理學 | 多湖輝著 | 100元 |
| ㊾語言的圈套 | 多湖輝著 | 110元 |
| ㊾個性膽怯者的成功術 | 廖松濤編譯 | 100元 |
| ㊾人性的光輝 | 文可式編著 | 90元 |
| ㊾驚人的速讀術 | 鐘文訓編譯 | 90元 |
| ㊾培養靈敏頭腦秘訣 | 廖玉山編著 | 90元 |
| ㊾夜晚心理術 | 鄭秀美編譯 | 80元 |
| ㊾如何做個成熟的女性 | 李玉瓊編著 | 80元 |
| ㊾現代女性成功術 | 劉文珊編著 | 90元 |
| ㊾成功說話技巧 | 梁惠珠編譯 | 100元 |
| ㊾人生的真諦 | 鐘文訓編譯 | 100元 |
| ㊾妳是人見人愛的女孩 | 廖松濤編著 | 120元 |
| ㊾指尖・頭腦體操 | 蕭京凌編譯 | 90元 |
| ㊾電話應對禮儀 | 蕭京凌編著 | 120元 |
| ㊾自我表現的威力 | 廖松濤編譯 | 100元 |
| ㊾名人名語啟示錄 | 喬家楓編著 | 100元 |

| | | |
|---|---|---|
| ⑼男與女的哲思 | 程鐘梅編譯 | 110元 |
| ⑽靈思慧語 | 牧　風著 | 110元 |
| ⑾心靈夜語 | 牧　風著 | 100元 |
| ⑿激盪腦力訓練 | 廖松濤編譯 | 100元 |
| ⒀三分鐘頭腦活性法 | 廖玉山編譯 | 110元 |
| ⒁星期一的智慧 | 廖玉山編譯 | 100元 |
| ⒂溝通說服術 | 賴文琇編譯 | 100元 |
| ⒃超速讀超記憶法 | 廖松濤編譯 | 140元 |

## ・健康與美容・電腦編號 04

| | | |
|---|---|---|
| ①B型肝炎預防與治療 | 曾慧琪譯 | 130元 |
| ③媚酒傳（中國王朝秘酒） | 陸明主編 | 120元 |
| ④藥酒與健康果菜汁 | 成玉主編 | 150元 |
| ⑤中國回春健康術 | 蔡一藩著 | 100元 |
| ⑥奇蹟的斷食療法 | 蘇燕謀譯 | 110元 |
| ⑧健美食物法 | 陳炳崑譯 | 120元 |
| ⑨驚異的漢方療法 | 唐龍編著 | 90元 |
| ⑩不老強精食 | 唐龍編著 | 100元 |
| ⑪經脈美容法 | 月乃桂子著 | 90元 |
| ⑫五分鐘跳繩健身法 | 蘇明達譯 | 100元 |
| ⑬睡眠健康法 | 王家成譯 | 80元 |
| ⑭你就是名醫 | 張芳明譯 | 90元 |
| ⑮如何保護你的眼睛 | 蘇燕謀譯 | 70元 |
| ⑯自我指壓術 | 今井義晴著 | 120元 |
| ⑰室內身體鍛鍊法 | 陳炳崑譯 | 100元 |
| ⑲釋迦長壽健康法 | 譚繼山譯 | 90元 |
| ⑳腳部按摩健康法 | 譚繼山譯 | 120元 |
| ㉑自律健康法 | 蘇明達譯 | 90元 |
| ㉓身心保健座右銘 | 張仁福著 | 160元 |
| ㉔腦中風家庭看護與運動治療 | 林振輝譯 | 100元 |
| ㉕秘傳醫學人相術 | 成玉主編 | 120元 |
| ㉖導引術入門(1)治療慢性病 | 成玉主編 | 110元 |
| ㉗導引術入門(2)健康・美容 | 成玉主編 | 110元 |
| ㉘導引術入門(3)身心健康法 | 成玉主編 | 110元 |
| ㉙妙用靈藥・蘆薈 | 李常傳譯 | 150元 |
| ㉚萬病回春百科 | 吳通華著 | 150元 |
| ㉛初次懷孕的10個月 | 成玉編譯 | 130元 |
| ㉜中國秘傳氣功治百病 | 陳炳崑編譯 | 130元 |
| ㉞仙人成仙術 | 陸明編譯 | 100元 |
| ㉟仙人長生不老學 | 陸明編譯 | 100元 |

| | | |
|---|---|---|
| ㊱釋迦秘傳米粒刺激法 | 鐘文訓譯 | 120元 |
| ㊲痔・治療與預防 | 陸明編譯 | 130元 |
| ㊳自我防身絕技 | 陳炳崑編譯 | 120元 |
| ㊴運動不足時疲勞消除法 | 廖松濤譯 | 110元 |
| ㊵三溫暖健康法 | 鐘文訓編譯 | 90元 |
| ㊸維他命與健康 | 鐘文訓譯 | 150元 |
| ㊺森林浴—綠的健康法 | 劉華亭編譯 | 80元 |
| ㊼導引術入門(4)酒浴健康法 | 成玉主編 | 90元 |
| ㊽導引術入門(5)不老回春法 | 成玉主編 | 90元 |
| ㊾山白竹(劍竹)健康法 | 鐘文訓譯 | 90元 |
| ㊿解救你的心臟 | 鐘文訓編譯 | 100元 |
| 51牙齒保健法 | 廖玉山譯 | 90元 |
| 52超人氣功法 | 陸明編譯 | 110元 |
| 53超能力秘密開發法 | 廖松濤譯 | 80元 |
| 54借力的奇蹟(1) | 力拔山著 | 100元 |
| 55借力的奇蹟(2) | 力拔山著 | 100元 |
| 56五分鐘小睡健康法 | 呂添發撰 | 120元 |
| 57禿髮、白髮預防與治療 | 陳炳崑撰 | 120元 |
| 58吃出健康藥膳 | 劉大器著 | 100元 |
| 59艾草健康法 | 張汝明編譯 | 90元 |
| 60一分鐘健康診斷 | 蕭京凌編譯 | 90元 |
| 61念術入門 | 黃静香編譯 | 90元 |
| 62念術健康法 | 黃静香編譯 | 90元 |
| 63健身回春法 | 梁惠珠編譯 | 100元 |
| 64姿勢養生法 | 黃秀娟編譯 | 90元 |
| 65仙人瞑想法 | 鐘文訓譯 | 120元 |
| 66人蔘的神效 | 林慶旺譯 | 100元 |
| 67奇穴治百病 | 吳通華著 | 120元 |
| 68中國傳統健康法 | 靳海東著 | 100元 |
| 69下半身減肥法 | 納他夏・史達賓著 | 110元 |
| 70使妳的肌膚更亮麗 | 楊　皓編譯 | 100元 |
| 71酵素健康法 | 楊　皓編譯 | 120元 |
| 73腰痛預防與治療 | 五味雅吉著 | 100元 |
| 74如何預防心臟病・腦中風 | 譚定長等著 | 100元 |
| 75少女的生理秘密 | 蕭京凌譯 | 120元 |
| 76頭部按摩與針灸 | 楊鴻儒譯 | 100元 |
| 77雙極療術入門 | 林聖道著 | 100元 |
| 78氣功自療法 | 梁景蓮著 | 120元 |
| 79大蒜健康法 | 李玉瓊編譯 | 100元 |
| 80紅蘿蔔汁斷食療法 | 李玉瓊譯 | 120元 |
| 81健胸美容秘訣 | 黃靜香譯 | 120元 |

國立中央圖書館出版品預行編目資料

女體性醫學剖析／增田豐著；林慶旺譯，
——初版——臺北市：大展，民85
面；　公分——（婦幼天地；28）
譯自：女性の醫學ノート
ISBN 957-557-578-4（平裝）

1. 性知識

429.1　　85000756

JOSEI NO IGAKU NŌTO

Originally published in Japan in 1982 by IKEDA SHOTEN PUBLISHING CO., LTD
Chinese translation rights arranged through KEIO CULTURAL ENTERPRISE CO., LTD



ISBN 957-557-578-4

# 女體性醫學剖析

原著者／增田豐
編譯者／林慶旺
發行人／蔡森明
出版者／大展出版社有限公司
社址／台北市北投區（石牌）致遠一路二段12巷1號
電話／(02) 8236031・8236033
傳眞／(02) 8272069
郵政劃撥／0166955－1
登記證／局版臺業字第2171號
承印者／高星企業有限公司
裝訂／日新裝訂所
排版者／千賓電腦打字有限公司
電話／（02）8836052
初版／1996年（民85年）2月
定價／220元